职业教育工业软件开发技术专业系列教材

工业UI开发技术

主　编　刘祖武　简显锐
参　编　曹玉红　侯　达　唐文名
　　　　陆克司　李贵林

机 械 工 业 出 版 社

本书从 B/S、C/S 两大基本软件架构层面着手，分别从 Web 前端技术、Vue 框架、C++开发语言、Qt 界面开发以及综合案例实训等方面，介绍了工业应用程序开发过程中所涉及的基本开发技术及方法。

本书内容浅显易懂，逻辑清晰，通过丰富的实例使学生体会到解决问题的愉悦，极大地激发学生更高水平的求知欲。

全书从理论到实操涵盖了软件开发各个层级的知识，可自由安排学习内容，通过使用真实的综合案例，使学生充分进行实战练习，锻炼其实践能力，使其在实践过程中加深对理论知识的理解，从而提高学生对工业应用软件开发关键技术的认知和应用能力。

本书既可作为职业院校智能制造工程、工业软件开发技术等相关专业的教材，也可作为从事计算机软件开发、电子信息工程等工作的工程技术人员的参考书。

为便于教学，本书配备了电子课件、教学视频、习题答案等教学资源。选择本书作为教材的教师可登录 www.cmpedu.com 网站进行注册、免费下载。

图书在版编目（CIP）数据

工业 UI 开发技术 / 刘祖武，简显锐主编. -- 北京：机械工业出版社，2025.2. --（职业教育工业软件开发技术专业系列教材）. --ISBN 978-7-111-77508-9

Ⅰ. TP311.56

中国国家版本馆 CIP 数据核字第 2025JC4558 号

机械工业出版社（北京市百万庄大街 22 号　邮政编码 100037）
策划编辑：黎　艳　　　　　责任编辑：黎　艳　张翠翠
责任校对：贾海霞　陈　越　封面设计：鞠　杨
责任印制：张　博
固安县铭成印刷有限公司印刷
2025 年 6 月第 1 版第 1 次印刷
184mm×260mm・17.5 印张・442 千字
标准书号：ISBN 978-7-111-77508-9
定价：55.00 元

电话服务　　　　　　　　　　网络服务
客服电话：010-88361066　　　机　工　官　网：www.cmpbook.com
　　　　　010-88379833　　　机　工　官　博：weibo.com/cmp1952
　　　　　010-68326294　　　金　书　网：www.golden-book.com
封底无防伪标均为盗版　机工教育服务网：www.cmpedu.com

前言

工业软件产业是制造业高质量发展的重要支撑，是支撑现代产业体系发展和创新的隐形"国之重器"，工业软件的创新、研发、应用和普及已成为衡量一个国家制造业综合实力的重要标志。本书是根据高等职业教育工业软件开发技术专业对复合型高素质技术技能人才的需求以及针对工业软件人才的岗位需求编写而成的，该专业培养德智体美劳全面发展，掌握扎实的科学文化基础，以及程序设计语言和工业软件设计、开发、测试等知识，具备工业软件设计、开发、测试等能力，具有工匠精神和信息素养，能够从事工业软件应用开发、工业软件产品测试、工业软件系统集成与运维等工作的高素质技术技能人才。

本书从 B/S 软件架构层面介绍了 Web 前端关键技术的理论知识，以便让读者对 Web 前端技术有清晰的认识。本书着重讲解了 Web 前端框架设计和 Vue 技术，使读者掌握 Web 前端技术在工业软件开发领域的应用。在 C/S 软件架构层面，本书以图形界面编程框架 Qt 为载体，结合 Qt Designer 界面设计工具，使读者能从面向过程编程迅速过渡到图形界面的面向对象编程，进而熟练地掌握 C++面向对象编程的基本知识和技能，为使用 C++语言开发图形用户交互界面、解决实际问题奠定坚实的程序设计基础和正确的编程思想。本书以此为基础，介绍了更多 Qt 类库的使用和 Qt 特有的机制，从而使读者能在 Qt 框架中循序渐进地掌握 C++面向对象的机制，并能够从简单到复杂写出功能丰富、界面美观的应用程序。

本书具有以下特点。

1. 理论涵盖范围广

本书依据模块化教学理念进行设计，内容由浅入深，包含软件架构基础知识、工业场景 Web 前端技术、主流的前端设计框架 Vue 技术、C++面向对象开发基础、Qt 跨平台开发框架技术，以及实际开发过程中如何搭建应用框架等内容。本书从理论到实操，涵盖了软件开发各个层级的知识，读者可自由安排学习内容。

2. 课程模块化设计

区别于传统课程知识内容上的连贯性，本书采用模块化结构，依据工业软件应用的不同领域进行内容设计。本书在各模块中设计了不同的知识点内容，从基础理论到框架设计，课程整体难度由易到难，可根据学生水平能力的高低进行自由组合，以满足不同阶段学生的学习需求。

3. 贴近工业场景，课程内容丰富

本书内容贴近实际工业应用，针对实际工业场景进行内容的设计。

4. 搭配综合案例

本书使用真实的综合案例，通过理论与实训教学相结合的方式，使学生充分进行实战练习，锻炼其实践能力，使其在实践过程中加深对理论知识的理解，从而提高学生对工业应用软件开发关键技术的认知和应用能力。

本书的编写离不开所有编者的辛勤工作，更离不开对本书给予支持和提供帮助的人员和机构，在此，编者谨致以诚挚的谢意。

最后，希望本书能为读者提供全面而深入的工业基础软件开发知识，并帮助读者在软件开发领域不断精进。

由于编者水平有限，书中难免有不足之处，恳请广大读者批评指正。

编　者

目录

前言

模块 1　认识软件架构　1
任务 1.1　学习 B/S 软件架构的原理和特点　1
　1.1.1　B/S 概念　2
　1.1.2　B/S 工作原理　2
　1.1.3　B/S 优点　4
　1.1.4　B/S 架构表现形式　5
任务 1.2　学习 C/S 软件架构的原理和特点　6
　1.2.1　C/S 概念　6
　1.2.2　C/S 工作原理　6
　1.2.3　C/S 优点和缺点　7

模块 2　认识 Web 前端技术　9
任务 2.1　学习 HTML5　10
　2.1.1　HTML 基本概念和文件结构　10
　2.1.2　HTML 文本　12
　2.1.3　HTML 列表　13
　2.1.4　HTML 图片　14
　2.1.5　HTML 多媒体　15
　2.1.6　HTML 表格　16
　2.1.7　HTML 表单　18
　2.1.8　HTML 行级和块级　20
任务 2.2　学习 CSS　23
　2.2.1　CSS 基本用法　23
　2.2.2　CSS 选择器　25
　2.2.3　CSS 效果　25
　2.2.4　CSS 布局　28
任务 2.3　学习 JavaScript　44
　2.3.1　数据类型　46
　2.3.2　运算符　47
　2.3.3　变量与常量　51
　2.3.4　表达式　52

　2.3.5　判断语句　54
　2.3.6　循环语句　57
　2.3.7　跳转语句　59
　2.3.8　函数定义与调用　60
　2.3.9　类与对象　64
　2.3.10　DOM 编程　71
　2.3.11　BOM 编程　73
　2.3.12　ES6　74

模块 3　认识 Vue 框架　87
任务 3.1　学习基本指令　88
　3.1.1　v-text 与 v-html 指令　88
　3.1.2　v-model 指令　90
　3.1.3　v-cloak 指令　91
　3.1.4　v-bind 指令　93
　3.1.5　v-on 指令　94
　3.1.6　v-if 指令　97
　3.1.7　v-show 指令　98
　3.1.8　v-for 指令　99
任务 3.2　学习常用属性　101
　3.2.1　el 属性　101
　3.2.2　data 属性　102
　3.2.3　template 属性　104
　3.2.4　methods 属性　105
　3.2.5　render 属性　105
　3.2.6　watch 属性　106
　3.2.7　computed 属性　107
任务 3.3　学习常用方法　109
　3.3.1　beforeCreate()　110
　3.3.2　created()　111
　3.3.3　beforeMount()　111
　3.3.4　mounted()　112
　3.3.5　beforeUpdate()　113

3.3.6 updated() …………… 114	4.5.2 对象 …………… 187
3.3.7 beforeDestory() …………… 114	4.5.3 继承 …………… 190
3.3.8 destoryed() …………… 115	4.5.4 多态 …………… 195
任务3.4 学习Vue.js组件 …………… 115	4.5.5 抽象 …………… 196
3.4.1 组件的创建 …………… 116	4.5.6 接口 …………… 198
3.4.2 组件间的通信 …………… 118	**模块5 Qt界面开发** …………… 201
模块4 认识C++开发语言 …………… 120	任务5.1 Qt开发环境的搭建与使用 …………… 201
任务4.1 学习C++基本语法 …………… 121	5.1.1 Qt的概念 …………… 202
4.1.1 语法格式 …………… 121	5.1.2 Qt的下载与安装 …………… 203
4.1.2 数据类型 …………… 124	任务5.2 Qt的应用 …………… 214
4.1.3 变量与常量 …………… 127	5.2.1 Qt控件与事件 …………… 214
4.1.4 运算符 …………… 132	5.2.2 Qt信号与槽 …………… 216
任务4.2 学习C++流程控制 …………… 140	5.2.3 QLabel文本框 …………… 217
4.2.1 C++循环语句 …………… 141	5.2.4 QPushButton按钮 …………… 220
4.2.2 C++判断语句 …………… 147	5.2.5 QLineEdit单行输入框 …………… 223
任务4.3 学习C++函数 …………… 154	5.2.6 QListWidget列表框 …………… 226
4.3.1 函数定义 …………… 154	5.2.7 QTableWidget表格控件 …………… 230
4.3.2 函数声明 …………… 155	5.2.8 QTreeWidget树形控件 …………… 236
4.3.3 函数调用 …………… 155	5.2.9 QMessageBox消息对话框 …………… 238
任务4.4 学习数组与字符串 …………… 162	**模块6 仓库管理系统入库实训** …………… 241
4.4.1 数组 …………… 162	**模块7 仓库管理系统出库**
4.4.2 字符串 …………… 170	（标准拣货）实训 …………… 269
任务4.5 学习类与对象 …………… 171	**参考文献** …………… 272
4.5.1 类 …………… 172	

模块1　认识软件架构

模块导读

软件架构（Software Architecture）是一个系统的草图，用于指导大型软件系统各个方面的设计。本模块的软件架构以软件的开发模式定位，分为 B/S 模式与 C/S 模式两种。B/S：浏览器/服务器架构，即 Browser/Server，最大的特点是不需要安装在手机或者计算机上，有浏览器就可以使用。C/S：客户端/服务端架构，即 Client/Server，通常采取两层结构，客户端负责完成与用户的交互任务，服务器负责数据的管理。本模块就带领读者了解这两种软件架构，其思维导图如下：

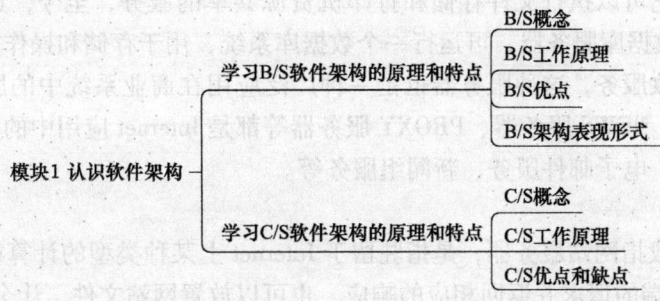

任务1.1　学习 B/S 软件架构的原理和特点

任务目标

1. 了解什么是 B/S 软件架构。
2. 了解 B/S 软件架构的原理。
3. 了解 B/S 软件架构的特点。

任务描述

B/S 架构即浏览器/服务器架构，它是随着 Internet 技术的兴起，对 C/S 架构进行变化或者改进的架构。本任务主要对该架构的原理、优点及表现形式进行详细的介绍。

任务分析

本任务主要介绍 B/S 概念、B/S 工作原理、B/S 优点和 B/S 架构表现形式。

1.1.1　B/S 概念

1. 什么是浏览器

在了解 B/S 的概念之前，需要首先了解 "B" 与 "S"。B 的全称为 Browser，即浏览器。浏览器是用来检索、展示以及传递 Web（建立在互联网上的网络服务）信息资源的应用程序。Web 信息资源由统一资源标识符（Uniform Resource Identifier, URI）所标记，Web 上的所有资源都可以使用 URI 来定位。使用者通过浏览器上的地址栏输入 URI 标记来浏览 Web 信息。后面会在 B/S 工作原理的章节详细介绍 URI。

2. 什么是服务器

B/S 中的 S，其全称为 Server，即服务器。服务器属于计算机的一种，它比普通计算机运行更快、负载更高、价格更贵。服务器在计算机网络中为其他客户机（如 PC、智能手机、ATM 等终端以及其他大型设备）提供计算或者应用服务。服务器具有高速的 CPU 运算能力、长时间的可靠运行能力、强大的 I/O 外部数据吞吐能力以及更好的扩展性。

根据服务器的功能不同，可以把服务器分成很多类别。例如，文件/打印服务器，这是最早的服务器种类，它可以执行文件存储和打印机资源共享的服务，至今，这种服务器还广泛应用于办公环境；数据库服务器，可运行一个数据库系统，用于存储和操作数据，向联网用户提供数据查询、修改服务，这种服务器也是一种广泛应用在商业系统中的服务器；Web 服务器、E-mail 服务器、NEWS 服务器、PROXY 服务器等都是 Internet 应用中的典型，它们能完成主页的存储和传送、电子邮件服务、新闻组服务等。

3. 什么是 Web 服务器

Web 服务器一般指网站服务器，是指驻留于 Internet 上某种类型的计算机程序，可以处理浏览器等 Web 客户端的请求并返回相应的响应，也可以放置网站文件，让全世界的用户浏览；还可以放置数据文件，让全世界的用户下载。目前最主流的 3 种 Web 服务器是 Apache、Nginx 和 IIS。

综上所述，在 B/S（Browser/Server，浏览器/服务器）架构下，用户工作界面通过 WWW 浏览器来实现，极少部分事务逻辑在前端（Browser）实现，主要事务逻辑在服务器端（Server）实现。B/S 架构是 Web 兴起后的一种网络架构模式，Web 浏览器是客户端最主要的应用软件。

1.1.2　B/S 工作原理

在了解了 B/S 的概念后，下面介绍 B/S 架构的工作原理。

1. 什么是 URL

URL（Uniform Resource Locator，统一资源定位符）可以通俗地理解为网址。它是 URI 的子集，主要用于链接网页、网页组件中的程序，借助访问方法（HTTP，FTP，Mailto 等协议）来检索位置资源。

了解了 URL 的基本概念后，下面分析 URL 地址的组成，首先在浏览器的地址栏中输入网址"www.baidu.com"，如图 1-1 所示。

图 1-1 输入网址

这个网址实际上所对应的是互联网上的一台有独立 IP 地址的主机，百度的网址对应的就是百度的主机。当输入网址后，浏览器的地址栏上会自动补全为：https：//www.baidu.com，此处添加了协议头"http"，如图 1-2 所示。

图 1-2 协议头自动补全

2. 什么是 HTTP

超文本传输协议（HyperText Transfer Protocol，HTTP）是互联网上应用最为广泛的一种网络协议。所有的 WWW 文件（可以理解为 Web 资源）都必须遵守这个标准。设计 HTTP 最初的目的是提供一种发布和接收 HTML 页面的方法（也包括 Web 其他资源，如独立的 JavaScript 文件、独立的 CSS 文件，或者图片资源）。通俗地讲，HTTP 就是通信双方（即客户端浏览器与服务器）传输 Web 资源时都要遵循的传输规定，它规定了请求与响应的格式和参数从比较复杂的 URL 地址可以看出完整的 URL 组成部分，包括协议、主机、目录、文件，如图 1-3 所示。

图 1-3 完整的 URL 的组成部分

3. HTTP 请求与响应

客户端发出的消息数据称为 HTTP 请求消息/HTTP 请求报文，主要由请求头与请求体组成。
1）请求头用来描述客户端的基本信息，把客户端相关信息告知服务器。
2）请求体用来存放通过 POST 方式提交到服务器的数据。所以，只有 POST 请求有请求体。
服务器响应给客户端的消息内容称为 HTTP 响应消息/HTTP 响应报文，主要由响应头与响应体组成。
1）响应头用来描述服务器的基本信息。
2）响应体用来存放服务器响应给客户端的资源内容。
图 1-4 所示为一次连接的请求头与响应头信息。

了解了以上这些概念后，得出 B/S 架构的工作原理：B/S 架构由浏览器与服务器构成，通常用户使用浏览器向 URL 地址发起请求，浏览器遵循 HTTP 规范，通过 URL 定位到服务器中的资源，服务器再遵照 HTTP 规范响应浏览器的请求，最后由浏览器展示资源给用户。B/S 工作原理如图 1-5 所示。

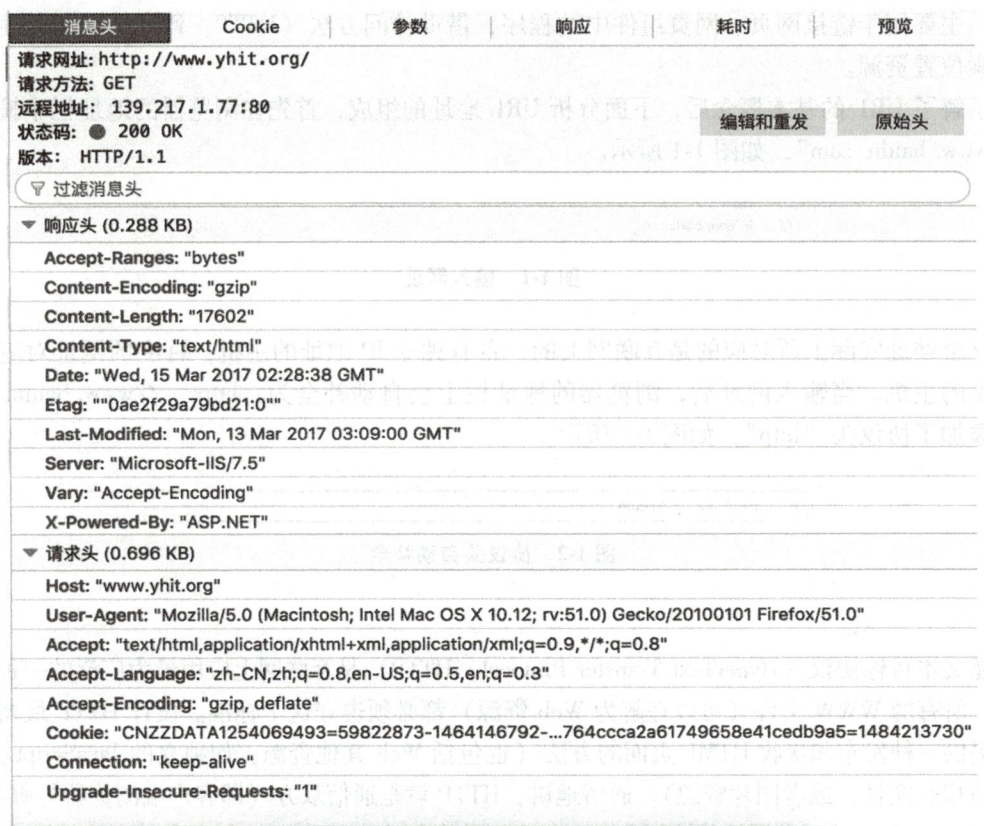

图 1-4　一次连接的请求头与响应头信息

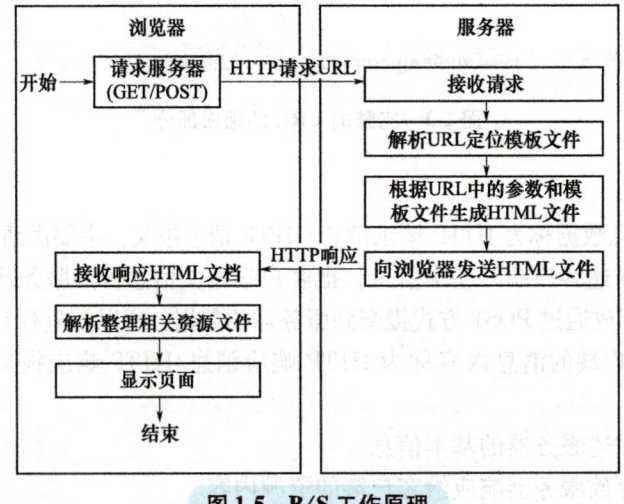

图 1-5　B/S 工作原理

1.1.3　B/S 优点

1）无须安装。可以在任何地方进行操作，而不用安装专门的软件；只需要浏览器即可使用，如果对浏览器没有特别的要求，那么就会使用操作系统中默认安装的浏览器。

2）可局部刷新。使用 AJAX 局部刷新技术，无须刷新整个页面即可更新数据，这使得 Web 应用程序能更为迅捷地响应用户交互，并避免了在计算机网络中发送那些没有改变的信息，减少用户等待时间，从而带来非常好的用户体验。

3）开发成本低。使用统一的浏览器作为客户端，而浏览器的统一 UI 设计语言（HTML、CSS、JavaScript）的语法结构简单，学习成本低，开发时间成本低。

1.1.4　B/S 架构表现形式

1）解决了异构系统的连接问题。由于 Web 支持底层的 TCP/IP，使 Web 与局域网连接，因此彻底解决了异构系统的连接问题。

2）用户数的限制较松。Web 采用了"瘦客户端"，使系统的开放性得到很大的改善，系统对将要访问系统的用户数的限制有所放松。

3）维护拓展方便。系统的相对集中性使得系统的维护和扩展变得更加容易。如数据库存储空间不够，可以再添加一个数据库服务器；系统要增加功能，可以新增一个应用服务器来运行新功能。

4）界面统一。由于全部为浏览器方式，界面统一，操作相对简单。

5）业务规则和数据捕获的程序容易分发。

练习与思考

一、单选题

1. URL 的中文全称是（　　）。
   A. 统一资源标识符　　B. 统一资源定位符　　C. 统一资源名称　　D. 网站地址

2. 下列对 HTTP 描述正确的是（　　）。
   A. HTTP 的中文全称是超文本传输协议，它只能传输纯文本资源
   B. HTTP 的请求头是由服务器发出的
   C. HTTP 可以传输文本、图片、多媒体资源等
   D. HTTP 的响应头是由浏览器发出的

3. 下列对浏览器描述错误的是（　　）。
   A. 浏览器指的是 Windows 默认的浏览器，不可以自己安装其他浏览器
   B. B/S 架构中的 B 指的是浏览器
   C. 浏览器中可以查看请求头信息和响应头信息
   D. 浏览器可以解释服务器返回的资源，并展示给用户查看

4. 下列对服务器描述错误的是（　　）。
   A. 一般服务器的硬件配置比 PC 要好。
   B. 服务器的类别很多，包括文件服务器、Web 服务器、邮件服务器等
   C. Web 服务器提供 Web 资源服务，一般指网站服务器
   D. 一台服务器不可以同时提供两个服务

5. 下列描述（　　）不是 B/S 架构的优点。
   A. 无须安装　　　　B. 可局部刷新　　　　C. 无需服务器　　　　D. 开发成本低

二、简答题

简述 B/S 架构的工作原理。

任务 1.2　学习 C/S 软件架构的原理和特点

 任务目标

1. 了解什么是 C/S 软件架构。
2. 了解 C/S 软件架构的原理。
3. 了解 C/S 软件架构的优缺点。

 **任务描述**

对 C/S 架构的概念、工作原理与优缺点进行详细介绍。

任务分析

本任务主要介绍 C/S 的概念，包括 Client（客户端）和 Server（服务端）的概念，C/S 工作原理，重点介绍 C/S 架构的优缺点。

1.2.1　C/S 概念

C/S 架构与 B/S 架构的最大区别在于，客户端需要安装独立运行的应用程序才可以与服务器交互。例如"英雄联盟"游戏，需要在 PC 上安装客户端才可以玩游戏，QQ 程序需要安装客户端才可以使用应用程序，C/S 架构的 QQ 程序如图 1-6 所示。

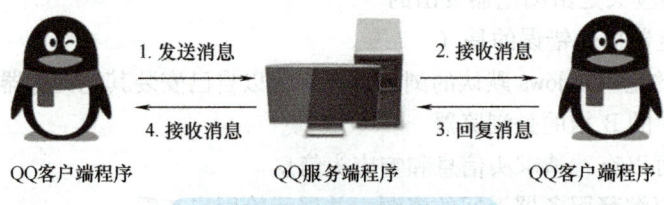

图 1-6　C/S 架构的 QQ 程序

1.2.2　C/S 工作原理

客户端通过局域网与服务端相连，接收用户的请求，并通过网络向服务端提出请求，对数据库进行操作。服务端接收客户端的请求，将数据提交给客户端，客户端对数据进行计算并将结果呈现给用户；服务端还要提供完善的安全保护及对数据完整性的处理等操作，并允许多个客户端同时访问服务端，这就对服务端的硬件处理数据的能力提出了很高的要求。

在 C/S 架构中，应用程序分为两部分：服务端部分和客户端部分。服务端部分执行后台服务，如控制共享数据库的操作等；客户端部分为用户所专有，负责执行前台功能，在出错提示、在线帮助等方面有强大的功能，并且可以在子程序间自由切换。

C/S 架构的关键要素为：由客户端而不是服务提供者发起动作；服务端被动地等待来自客户端的请求；客户端和服务端通过一条通信信道连接起来。两个进程间的通信链路称为连接。

1.2.3　C/S 优点和缺点

C/S 架构在技术上已经很成熟，它的主要特点是交互性强、具有安全的存取模式、响应速度快、有利于处理大量数据。但是 C/S 架构缺少通用性，系统的维护、升级需要重新设计和开发，增加了维护和管理的难度，进一步的数据拓展困难较多。具体优缺点如下。

（1）优点　C/S 架构的优点是能充分发挥客户端 PC 的处理能力，很多工作在客户端处理后再提交给服务端。对应的优点就是客户端响应速度快。

1）客户端和服务端直接相连。

① 点对点的模式使得数据更安全。

② 可以直接操作本地文本，减少获取文本的时间和精力。

③ 减少通信流量，对于客户来说可以节省一大笔费用。

④ 直接相连，中间没有阻碍和岔路，所以响应速度快，有利于处理大量数据，即便通信量庞大，也不会出现拥堵的现象。

2）客户端可以处理一些逻辑事务。

① 充分利用两者的硬件设施，避免资源的浪费。

② 为服务端分担一些逻辑事务，可以进行数据处理和数据存储，并可以处理复杂的事务流程。

③ 客户端有一套完整的应用程序，在出错提示、在线帮助等方面有强大的功能，并且可以在子程序间自由切换。

（2）缺点　客户端需要安装专用的客户端软件。首先，涉及安装的工作量，其次，任何一台计算机出现问题，如遭受病毒、硬件损坏，都需要进行安装或维护。另外，系统软件升级时，每一个客户端都需要重新安装，其维护和升级成本非常高。C/S 架构的软件对客户端的操作系统一般也会有限制，如可能适应于 Windows 8，但不能用于 Windows 10，或者不适用于微软新的操作系统等，更不用说 Linux、UNIX 等了。

练习与思考

简答题

1. 分别解释 C/S 中的"C"与"S"指的是什么。

2. 对比 B/S 架构与 C/S 架构的优点。

模块2 认识Web前端技术

模块导读

Web 前端开发即前端网络编程,也被认为是用户端编程,是为了网页或者网页应用而编写 HTML、CSS 以及 JavaScript(简称 JS)代码,所以用户能够看到并且能和这些页面进行交流。

HTML:超文本标记语言,是页面内容的载体。CSS:层叠式样式表,为内容做定位展示与美化。JavaScript:是基于场景的命令式语言(和 HTML 的说明性语言不同),用于将静态的 HTML 页面动态化。JavaScript 代码能使用 HTML 标准提供的文档对象模型(DOM)来根据事件(如用户的输入)操纵网络页面。本模块的思维导图如下:

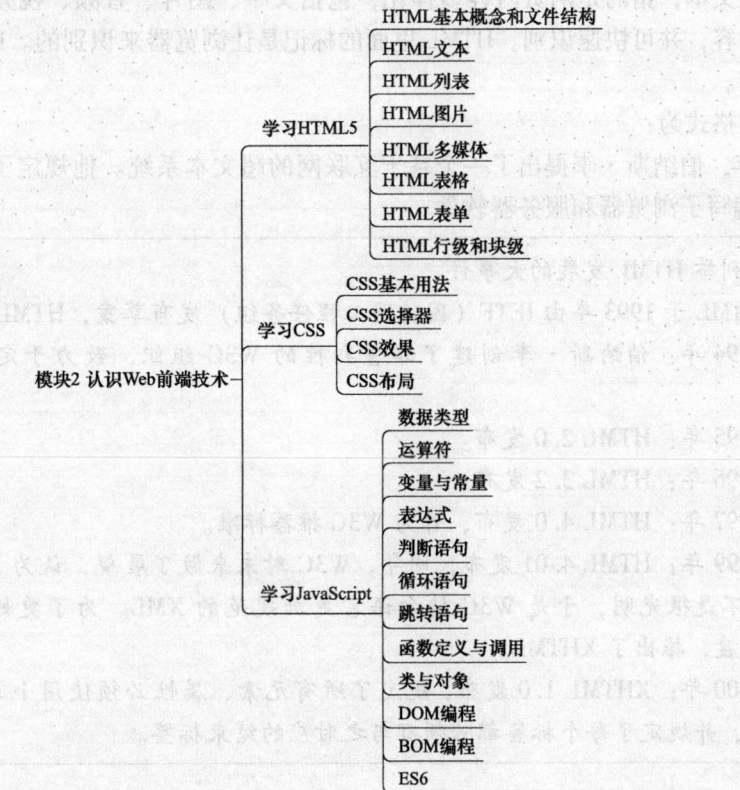

任务 2.1　学习 HTML5

任务目标

1. 了解 HTML 发展历程。
2. 掌握 HTML 常用标签。
3. 掌握常用标签的常用属性。

任务描述

本任务需要了解的 HTML 内容包括 HTML 的概念、发展历程，需要掌握的内容包括 HTML 文本、列表、图片、多媒体、表格、表单以及行级与块级。

任务分析

HTML（HyperText Markup Language，超文本标记语言）是页面内容的载体，由各种标签组成，在浏览器中显示的网页中的不同内容都要存放到各种标签中。本任务按照标签的分类给读者介绍各种标签的使用方法，使用代码案例展示各种标签的结果。

2.1.1　HTML 基本概念和文件结构

1. HTML 简介

所谓超文本，指的是网页内容多样化，包括文字、图片、音频、视频等内容。标记则可用来标识内容，并可快速识别。HTML 里面的标记是让浏览器来识别的。HTML 通过一对标签来标识内容。

一般的格式为：<开始标签> 内容 <结束标签>。

1989 年，伯纳斯·李提出了一个基于互联网的超文本系统。他规定了 HTML 规则，并在 1990 年底编写了浏览器和服务器软件。

> 下面列举 HTML 发展的大事件。
> ➢ HTML 于 1993 年由 IETF（因特网工程任务组）发布草案，HTML 1.0 版本问世。
> ➢ 1994 年：伯纳斯·李创建了非营利性的 W3C 组织，致力于定制更加标准化的协议。
> ➢ 1995 年：HTML 2.0 发布。
> ➢ 1996 年：HTML 3.2 发布。
> ➢ 1997 年：HTML 4.0 发布，作为 W3C 推荐标准。
> ➢ 1999 年：HTML 4.01 发布，同年，W3C 对未来做了展望，认为 HTML 存在一些缺陷，前途不是很光明，于是 W3C 转向语言更加规范的 XML。为了更好地实现 HTML 到 XML 的过渡，推出了 XHTML。
> ➢ 2000 年：XHTML 1.0 发布，规定了所有元素、属性必须使用小写字母，属性值必须加引号，并规定了每个标签都必须有与之对应的结束标签。

> ➤ 2001 年：XHTML 1.1 发布。
> ➤ 2002 年：XHTML 2.0 发布。开发人员、浏览器厂商也渐渐地放弃了 XML。
> ➤ 2004 年：各大浏览器厂商脱离了 W3C，成立了 WHATWG，开始对 HTML 进行修缮，走向 HTML5 之路。
> ➤ 2007 年：W3C 重建，在 WHATWG 的基础上继续研究，规范也交由 WHATWG 来制定。
> ➤ 2009 年：W3C 宣布停止 XHTML2 的研究工作。
> ➤ 2014 年 10 月 29 日，HTML5 的标准规范最终定稿。
> ➤ 2015 年，迎来了 HTML5 的春天。

2. HTML 编辑器

VSCode（Visual Studio Code）是一款由微软开发且跨平台的免费源代码编辑器。该软件支持语法高亮、代码自动补全（又称 IntelliSense）、代码重构、查看定义的功能，并且内置了命令行工具和 Git 版本控制系统。用户可以更改主题和键盘快捷方式来实现个性化设置，也可以通过内置的扩展程序商店安装扩展程序以拓展软件功能。

3. HTML 基础

HTML 是用来制作网页的标记语言。那么什么是标记语言？在浏览器中显示的网页中的不同内容都要存放到各种标签中，才能被浏览器理解并展示出来。标签由英文尖括号"<"和">"括起来，如<html>就是一个标签。标签分为双标签与单标签。

1) 双标签：HTML 中的标签成对出现的称为双标签，分开始标签和结束标签，结束标签比开始标签多了一个"/"。

2) 单标签：HTML 中的标签单个出现的称为单标签，单标签在标签结束符号">"之前添加"/"，表示该标签结束。

标签与标签之间是可以嵌套的，但先后顺序必须保持一致。HTML 不需要编译，直接由浏览器执行。HTML 文件必须使用".html"或".htm"为文件扩展名。HTML 是对大小写不敏感的（不区分大小写），HTML 与 html 是一样的；但是一般规定：书写时一律小写。任何回车或空格键在源代码中都不起作用。HTML 标准由 W3C 组织制定并推广。

4. HTML 属性

标签以标签名开头，后面可以为这个标签设置属性，属性都是成对出现的，属性="属性值"，每一对都用空格隔开。

属性可对标签做设置或补充说明，有些标签的某些属性是必需的，如<img>的 src 属性和<a>标签的 href 属性。不同标签所具备的属性不同。但是有 3 个属性是所有标签都有的，分别是 id、class、style，它们各有用处，后面再介绍。

5. HTML 元素

标签是用一对尖括号括起来的，如<标签名称>。而元素则使用一对标签，如 Html 元素、head 元素、body 元素、meta 元素。

下面来看 HTML 基本的结构代码。

图 2-1 所示为一个最基本的 HTML 主体结构，图中的<!--被注释的内容-->部分是 HTML 的注释。HTML 注释可以提高其可读性，使代码更易被人理解。浏览器会忽略注释，也不会显示它们。注释可以包围和隐藏标记，但是在去掉注释标记之后，要保证剩余的文本还是一个结构完好的 XML 文档。

```
<!--注释,就是不会执行的模块,用来做笔记-->
<!--声明当前文档是HTML类型,浏览器可以通过此行代码知晓当前HTML的版本.-->
<!DOCTYPE html>
<!--<html>标签,是网页中最大的标签块。所有跟网页相关的信息都需要放在此标签中-->
<html>
    <!--<head>标签,负责网页的设置信息,如网页的标题等-->
    <head>
        <!--<meta>标签,utf-8为万国码,保证中文不会乱码。
            charset用于字符集设置(char 字符)
        -->
        <meta charset="utf-8"/>
        <title>哈哈哈哈</title>
    </head>
    <!--<body>标签,负责网页的内容部分,所有想要展示的数据都需要放在<body>中!-->
    <body>
        呵呵呵呵呵
    </body>
</html>
```

图 2-1　HTML 主体结构

DOCTYPE： DTD 文档声明，规定了标记语言的规则，这样浏览器才能正确地解释以下的 HTML 代码。

<html>： HTML 的根标签，所有标签都应该包含在<html>标签中。

<head>： HTML 头标签，一些标识页面属性的标签放在其中。

<meta charset="utf-8">： 定义页面字符编码为 utf-8。

<title>： HTML 的标题标签，定义网页标题，显示在浏览器的标题栏中。

<body>： 网页中所有显示出来的内容都要放在<body>标签中，是页面的主体部分。

2.1.2　HTML 文本

1. HTML 标题

<h1>~<h6>标签可定义标题。<h1>用于定义最大的标题。<h6>用于定义最小的标题。由于 h 元素拥有确切的语义，因此应慎重地选择恰当的标签层级来构建文档的结构。<h1>~<h6>标签的使用效果如图 2-2 所示。

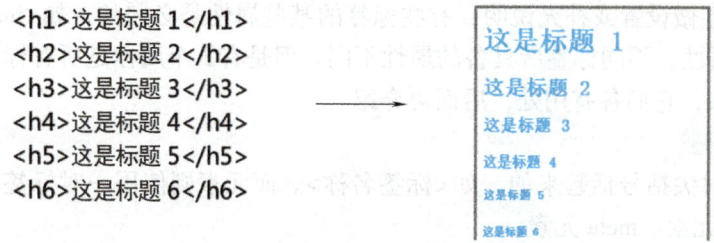

图 2-2　<h1>~<h6>标签的使用效果

2. 段落

如果想在网页上显示文章，就需要使用<p>标签，可把文章的段落放到<p>标签中。

```
<p>这是段落。</p>
<p>这是段落。</p>
<p>这是段落。</p>
```

3. 文本格式化

先看以下代码：

```
<b>This text is bold</b><br />
<strong>This text is strong</strong><br />
<big>This text is big</big><br />
<em>This text is emphasized</em><br />
<i>This text is italic</i><br />
<small>This text is small</small><br /> This text contains
<sub>subscript</sub><br /> This text contains<sup>superscript</sup>
```

以上代码的展示效果如图 2-3 所示。

➢ `<br/>`：表示换行。
➢ `<b>`：定义粗体文本。
➢ `<strong>`：定义加重语气。
➢ `<big>`：定义大号字。
➢ `<em>`：定义加重文字。
➢ `<i>`：定义斜体字。
➢ `<small>`：定义小号字。
➢ `<sub>`：定义下标字。
➢ `<sup>`：定义上标字。

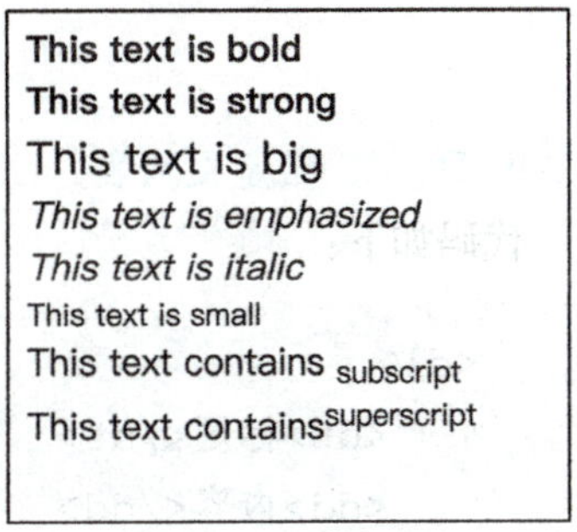

图 2-3 展示效果

4. 链接

`<a>`标签：链接标签，必须设置 href 属性。

格式：`<a href="" target="" title="" >文本或图片</a>`

href：链接地址。

target：规定跳转的打开方式，_self 表示默认以当前页面打开，_blank 表示在新页面中打开。

title：鼠标指针悬停时显示的描述信息。

2.1.3 HTML 列表

1. HTML 有序列表

代码如下：

```
<ol>
    <li>有序列表 1</li>
    <li>有序列表 2</li>
</ol>
```

以上代码的效果如图 2-4 所示。

> 1. 有序列表1
> 2. 有序列表2

图 2-4　有序列表效果

2. HTML 无序列表

代码如下：

```
<ul>
    <li>无序列表</li>
    <li>无序列表</li>
</ul>
```

以上代码的效果如图 2-5 所示。

> • 无序列表
> • 无序列表

图 2-5　无序列表效果

3. HTML 自定义列表

代码如下：

```
<dl>
    <dt>标题</dt>
    <dd>内容</dd>
</dl>
```

以上代码的效果如图 2-6 所示。

> 标题
> 　　内容

图 2-6　自定义列表效果

2.1.4　HTML 图片

1. HTML 本地图片

图片标签<img>必须设置 src 属性，格式为<img src = " " alt = " " title = " " width = " " height = " " border = " " />。

➢ src：表示图片资源所在 URL，此处的 URL 为本机的一个资源地址，地址可以分为绝对地址和相对地址两种。

1) 绝对地址根据使用的操作系统不同，格式也不同，如果是 Windows 操作系统，则以盘符开头，如 C:\pro1\file.png。如果是 Linux 内核的操作系统，则以"/"开头，如/user/local/

file.png。

2）相对地址是相对当前文件的地址。当前地址可以直接写目录或文件名，或使用"./"；上级目录使用符号"../"，以下都是相对地址：

```
Images/logo.gif
../img/m1.png
../../img/m2.jpg
./img/m3.jpeg
```

- alt：表示图像无法显示时的替代文本，搜索引擎可以通过它指定的文字搜索该图片。
- width：表示图片宽度。
- height：表示图片高度。
- border：表示图片边框。

设计网页时经常使用的图片有 3 种格式。第一种：GIF，最多支持 256 色，支持透明、多帧动画显示效果。第二种：JPEG/JPG，支持多种颜色，可以有很高的压缩比，属于有损压缩模式，不支持透明、动画效果。第三种：PNG，是一种新的图片技术，可以表现品质比较高的图片，属于无损压缩模式，支持透明，不支持动画。

2. HTML 网络图片

如果 <img> 标签中的 src 指示的地址不是本地的，而是一个网络地址，则可以展示网络图片，如 <img src="http://www.baidu.com/img/m1.png"/>。

2.1.5　HTML 多媒体

1. HTML 音频

<audio> 标签支持的音频格式包括 mp3、ogg、wav，常用属性如下：
- src：表示需要播放的音频资源的位置（本地地址、网络地址）。
- controls：显示控制条。
- loop：是否循环播放。
- autoplay：是否自动播放。
- muted：是否静音。

注意：相同的属性名和属性值，只写属性名就可以起效。

示例代码：

```
<audio src="http://qiniu.cunzhuang.top/a1.mp3" controls loop autoplay muted>
    <!--<source>标签,可以承载不同的资源格式,用于<audio>标签在不支持当前资源格式时予以替换-->
    <source src="http://qiniu.cunzhuang.top/a1.ogg" type="audio/ogg"></source>
    <source src="http://qiniu.cunzhuang.top/a1.wav" type="audio/wav"></source>
</audio>
```

以上代码的效果如图 2-7 所示。

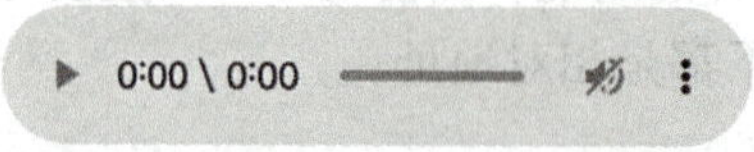

图 2-7　HTML 音频示例代码效果

2. HTML 视频

<video>标签支持 mp4、ogg、webm 格式的视频，常用属性如下：
➢ src：表示需要播放的视频资源的位置（本地、网络地址）。
➢ controls：显示控制条。
➢ loop：是否循环播放。
➢ autoplay：是否自动播放。
➢ muted：是否静音。

示例代码如下：

```
<video width="600" controls>
    <source src="https://v-cdn.zjol.com.cn/280443.mp4" type="video/mp4"></source>
    <source src="https://v-cdn.zjol.com.cn/280443.ogg" type="video/ogg"></source>
    <source src="https://v-cdn.zjol.com.cn/280443.webm" type="video/webm"></source>
</video>
```

以上代码的效果如图 2-8 所示。

图 2-8　HTML 视频示例代码效果

2.1.6　HTML 表格

1. 表头

<caption>标签放在<table>标签内。

- align：top 标题的位置在表格上面。
- bottom：top 标题的位置在表格下面。

2. 表主体

<tbody>表示表格的主体部分，所有的行列标签都在主体中。<tr>标签必须在<table>标签中，表示一行。

- align：内容水平居中。
- valign：内容垂直居中。
- bgcolor：行背景色。

<td>与<th>标签必须在<tr>标签内，表示一列。
<th>标签修饰表头列信息。

- width：列的宽。
- height：列的高。
- align：内容水平居中。
- valign：内容垂直居中。
- bgcolor：行背景色。

3. 表格属性

一个表格定义一个<table>标签，标签内包含行标签、列标签与标题标签。

- align：left—左对齐，center—居中对齐，right—右对齐。
- border：边框属性。
- width：宽度属性。
- height：高度属性。
- cellspacing：单元格间距。
- cellpadding：单元格内间距。

4. 表格合并

如果是不规则的表格，则需要通过单元格<td>或者<th>标签的行合并或者列合并属性来调整表格的行列数。

- colspan：列合并。
- rowspan：行合并。

示例代码如下：

```
<table width="400" height="200" bgcolor="red" border="1" align="center" cellpadding="0" cellspacing="0">
    <caption align="top">标题</caption>
    <tr align="center" bgcolor="green">
        <th>列标题 1</th>
        <th>列标题 2</th>
        <th>列标题 3</th>
    </tr>
    <tr
```

```
        <td>单元格 1</td>
        <td rowspan="2">单元格 2</td>
        <td>单元格 3</td>
    </tr>
    <tr>
        <td>单元格 4</td>
        <td>单元格 5</td>
    </tr>
    <tr>
        <td colspan="2">单元格 6</td>
        <td>单元格 7</td>
    </tr>
</table>
```

以上代码的效果如图 2-9 所示。

图 2-9 HTML 表格示例代码效果

2.1.7 HTML 表单

表单标签的格式如下：

```
<form action="" method="" enctype="" name="">
表单元素
…
</form>
```

➢ action：设置接收和处理浏览器递交的表单内容的服务器程序地址。

➢ method：定义浏览器将表单中的信息提交给服务器端的处理程序的方式，取值可以为 GET 或 POST。

➢ enctype：定义浏览器使用哪种编码方法将表单数据传送给 WWW 服务器。

1. 表单交互组件

（1）单行文本框

```
<input type="text" name="" value="默认值" size="宽度" maxlength="最大字符数" placeholder="" />
```

(2) 密码文本框

```
<input type="password" name="" size="" maxlength="" value="" />
```

(3) 多行文本框

```
<textarea name="" cols="" rows=""></textarea>
```

(4) 浏览框
该元素用来打开文件选择对话框，以便图形化选择文件。

```
<input type="file" name="mypic" />
```

(5) 提交按钮
提交按钮可将表单提交到 action 指定的程序文件进行处理。

```
<input type="submit" value="提交表单" />
<button>提交</button>
```

(6) 重置按钮
重置按钮可清空表单中填写的所有数据。

```
<input type="reset" value="重新填写" />
<button>重新填写</button>
```

2. 表单选择组件

(1) 单选框

```
<input type="radio" name="" value="" checked="checked" />
```

如果单选框的 name 值相同，则为同一按钮组。

```
<input type="checkbox" name="sex" value="" />
<input type="checkbox" name="sex" value="" />
```

(2) 复选框

```
<input type="checkbox" name="" value="" checked="checked" />
```

复选框同一按钮组的 name 值必须为同名数组。

```
<input type="checkbox" name="hobby[]" value="" />
<input type="checkbox" name="hobby[]" value="" />
```

(3) 下拉菜单

```
<select name="" size="" multiple="mutiple">
    <optgroup label=分组名称>
        <option value=""  selected="selected"></option>
        …
    </optgroup>
</select>
```

属性如下：
- name：设置下拉列表的名称。
- size：设置下拉列表中可见选项的数目。
- multiple：布尔属性，设置后原本只能单选的功能允许多选，否则只能选择一个。
- disabled：设置禁用该下拉列表。

2.1.8　HTML 行级和块级

1. div 盒子

div 是一个块元素，无语义，里面可以包含其他的 <html> 标签，可以将网页分成几个区块，通常用来排版与布局。div 通常配合 CSS 样式表来做布局与样式设置。

2. span

span 是一个行内元素，无语义，通常用来定义一小段文字的样式。

任务一　安装与使用 VSCode

官方下载地址：https://code.visualstudio.com/。

任务二　简单的网页内容编写

使用常用 HTML 标签模拟一个简单的网页内容，可参考如下链接：https://www.w3school.com.cn/html/index.asp。

示例代码如下：

```
<!DOCTYPE html>
<html lang="zh-cn">
<head>
    <title>HTML 教程</title>
</head>
<body class="html">
    <div id="wrapper">
        <div id="header">
            <a id="logo" href="">w3school 在线教程</a>
        </div>
        <div id="navsecond">
```

```html
            <div id="course">
                <h2>HTML 基础教程</h2>
                <ul>
                    <li class="currentLink"><a href="">HTML 教程</a>
                    </li>
                </ul>
            </div>
        </div>
        <div id="maincontent">
            <h1>HTML 教程</h1>
            <div id="intro">
                <h2>HTML 教程</h2>
                <p><strong>在本教程中,你将学习如何使用 HTML 来创建站点。
                </strong></p>
                <p><strong>HTML 很容易学习！你会喜欢它的！</strong></p>
            </div>
        </div>
        <div id="sidebar">
            <div id="tools">
                <h5 id="tools_reference"><a href="">HTML 参考手册</a>
                </h5>
                <h5 id="tools_example"><a href="">HTML 实例</a></h5>
                <h5 id="tools_quiz"><a href="">HTML 测验</a></h5>
            </div>
        </div>
        <div id="footer">
            <p id="p1">
            </p>
        </div>
    </div>
</body>
</html>
```

 **练习与思考**

一、单选题

1. 下列描述错误的是（　　）。
A. HTML 的中文解释为超文本标记语言
B. CSS 可以设置页面布局与样式
C. JavaScript 主要负责页面的样式
D. HTML 是页面内容的载体

2. 下列（　　）标签是多行文本框标签。
A. <textarea>　　　B. <input>　　　C. <select>　　　D. <password>

3. 下列（　　）标签是表格列标签。
A. <tr>　　　B. <caption>　　　C. <table>　　　D. <td>

二、多选题

1. 下列（　　）标签属于表单类标签。
A. <form>　　　B. <input>　　　C. <table>　　　D. <button>

2. 下列描述正确的是（　　）。
A. <img>标签需要设置 src 属性
B. <a>标签需要设置 href 属性
C. 图片标签可以通过设置 width 属性设置宽度
D. <a>标签可以通过设置 width 属性设置宽度

三、简答题

1. 简述 HTML 的基本概念。

2. 简述什么是 HTML 的标签。

3. 最基本的 HTML 结构有哪些部分？

任务 2.2　学习 CSS

 任务目标

1. 掌握 CSS 概念和语法。
2. 掌握 CSS 选择器与属性。
3. 掌握 CSS 效果。
4. 掌握 CSS 布局方式。

 任务描述

本任务通过学习 CSS 基本用法、选择器、效果来，学习如何设置 HTML 标签的样式与布局。

任务分析

CSS（Cascading Style Sheets，即层叠样式表）的作用是为标签元素添加各种样式（通过 CSS 属性），用于页面的布局与美化。CSS 语言是一种标记语言，因此不需要编译，可以直接由浏览器执行（属于浏览器解释型语言）。CSS 能实现内容与样式的分离，方便团队开发。CSS 是 1996 年由 W3C 审核通过并推荐使用的。CSS 的引入随即引发了网页设计一个又一个新高潮，使用 CSS 设计的优秀页面层出不穷。

2.2.1　CSS 基本用法

CSS 样式的基本格式为：选择器 {属性 1：值 1；属性 2：值 2;}，建议每行只描述一个属性，空格不会影响效果，属性和值尽量用小写。

CSS 的注释格式为：/＊CSS 注释 ＊/，注释的内容不会生效，可以作为代码解释或者临时调试使用。

CSS 可对 HTML 标签的布局与美化进行控制。CSS 出现后，规范的页面使用 HTML 表现内容，CSS 用来控制样式与布局，各司其职。CSS 需要引入 HTML 使用，引入方式有以下 3 种：

1. 内部引入

使用<style>标签直接把 CSS 的内容写到 HTML 文档内部的<head>标签里，它适合只用于当前文档样式的情况。代码如下：

```
<head>
    <style type="text/css">
    p {
        font-size: 10px;
        color: #FFFFFF;
    }
    </style>
</head>
```

2. 外部引入

CSS 外部引入使用了外接的 CSS 文件，由于一般的浏览器都带有缓存功能，所以用户不用每次都下载此 CSS 文件。外部样式真正实现了内容与表现的分离。外部引用是 W3C 推荐使用的。

实现外部样式有两种方式：

1）使用<link>标签引用 CSS。

2）使用@ import 导入 CSS。

代码如下：

```
<head>
    ...
    <link rel="stylesheet" type="text/css" href="mystyle.css">
    <style type="text/css">
        @ import url("mystyle2.css")
        … /* 其他 CSS 定义 */
    </style>
</head>
```

3. 行内引入

把 CSS 样式直接写在 HTML 标签 style 属性中。行内样式比其他方法更加简单灵活，但需要和展示的内容混淆在一起，从而会失去样式和内容相分离的优点。代码如下：

```
<p style="font-size: 10px; color: #FFFFFF;">
    使用 CSS 内联引用表现段落
</p>
```

此外，CSS 还有三大特性。

（1）层叠性　层叠性针对同一个选择器，使用就近原则，即属性相同、离得近的属性设置覆盖远的，属性不同的叠加。

（2）继承性　子标签会继承父标签的某些样式。以 text-、font-、line-这些元素开头的属性以及 color 等和文字相关的属性都可以继承。

（3）优先级　优先级针对不同的选择器，优先级是按照权重来判断的：

继承：0。

通用：0。

标签：1。

类：10。

伪类：10。

ID：100。

行内：1000。

！important：无穷大。

2.2.2 CSS 选择器

当使用内部或外部引用的时候,首先需要了解各种选择器定义的 CSS 属性是修饰哪些 HTML 元素的,所以需要使用选择器让 CSS 与 HTML 关联。选择器分为以下几种类型。

1. 元素选择器

格式:E{CSS 样式;}(E 就是元素标签的名字)。

用途:可以对同一种元素做同一种样式设置。

2. 类选择器

实现方式:给所有要进行统一样式调整的元素添加 class 属性,给对应的 class 属性值赋值 value。

格式:.value{CSS 样式;}

用途:当对多个元素进行统一样式调整时,可以考虑。

例如:多个元素同时设置字体颜色时可选用类选择器(可以是不同类型的元素,也可以是同一类型的元素)。

3. ID 选择器

实现方式:给元素添加 id 属性,给对应的 id 属性值赋值 value。

格式:#value{CSS 样式;}

用途:当单独对某一个元素进行样式设置时考虑。

4. 包含选择器

格式:E F{CSS 样式;}(E 和 F 都可以是元素选择器,中间用空格隔开)。

5. 组合选择器

格式:E,F,G{CSS 样式;}(E、F 和 G 可以是元素名字,也可以是任意选择器,中间用","隔开)。

6. 父子选择器

格式:E>F{CSS 样式;}(E 必须是 F 的父级元素,中间用">"隔开)。

7. 相邻选择器

格式:E+F(E 和 F 是相邻的兄弟标签,最终查找的是标签 F,用"+"隔开)。

8. 属性选择器

格式:element[属性名](匹配具有该属性的元素)。

格式:element[属性名="value"](匹配属性值等于 value 的元素)。

格式:element[属性名^="value"](匹配属性值以 value 开始的元素)。

格式:element[属性名$="value"](匹配属性值以 value 结尾的元素)。

格式:element[属性名*="value"](匹配属性值中含有 value 的元素)。

2.2.3 CSS 效果

1. 文字效果

CSS 修饰文字时使用文字属性。文字属性如下:

(1) color 属性 定义文字的颜色,格式:{color:颜色值}。CSS 中的颜色值有多种表示方式,常见的有:

#rrggbb,如#ffcc00。

#rgb，如#fc0。

rgb（x，x，x），其中，x 是一个 0~255 的整数值，如 rgb（255，204，0）。

rgb（x%，x%，x%），其中，x 是一个 0~100 的整数值，如 rgb（100%，80%，0%）。

rgba（x，x，x，x），其中，a 是透明度。

（2）font-family 属性　设置文字的字体，格式：{font-family："Times New Roman"，Georgia，Serif;}。该属性的值是字体的名字，可以设置多个值。当前系统没有的字体可以顺延使用后续设置的字体。

（3）font-size 属性　设置文字的大小，格式：{font-size：12px}。该属性的值是长度单位。CSS 中常见的长度单位有两种：

1）相对长度单位。

px：像素（Pixel）。

em：相对于当前文本字体尺寸的倍数。

%：百分比。

2）绝对长度单位。

in：英寸（Inch）。

pt：点（Point）。

cm：厘米（Centimeter）。

mm：毫米（Millimeter）。

换算比例：1in = 2.54cm = 25.4mm = 72pt。

（4）font-style 属性　设置不同的字体样式，格式：{font-style：normal}，它的值有 normal（正常）、italic（斜体）。

（5）font-weight 属性　设置文本字体的粗细，格式：{font-weight：normal}，它的值有 normal（正常）、bold（粗体）。

以上属性都可以使用简写形式，但是需要注意属性顺序：

font：italic bold 12px/30px "微软雅黑"，arial，sans-serif；

font：bold 12px/30px "微软雅黑"，arial，sans-serif；

font：12px/30px "微软雅黑"，arial，sans-serif；

font：12px/200% "黑体"；

font：12px/1.5 "黑体"；（行高是字体大小的 1.5 倍）。

2. 文本效果

（1）text-align 属性　设置文本在块元素中的对齐方式，格式：{text-align：left}，它的值有 left（靠左）、center（中间）、right（靠右）、justify（多行时，除尾行都有效果）。

（2）text-decoration 属性　设置文本的修饰，格式：{text-decoration：none}，它的值有 none（无修饰）、underline（下划线）、overline（上划线）、line-through（中划线）。

（3）text-indent 属性　设置文本块中首行文本的缩进，格式：{text-indent：24px}，它的值一般为相对长度，例如 2em，表示两个字的距离。

（4）letter-spacing 属性　设置字符间距，格式：{letter-spacing：-0.5em}，它的值一般为相对长度。

（5）word-spaing 属性　设置单词间距，格式：{word-spacing：30px}，它的值一般为相对长度。

（6）vertical-align 属性　设置图片与文字的对齐方式，默认是基线对齐的。格式：{vertical-align：top}，它的值包括 top（顶）、middle（中间）、bottom（底部）。

（7）line-height 属性　设置行高，格式：{line-height：18px}，它的值为长度。

3. 背景效果

（1）background-color 属性　设置背景色，格式：{background-color：#f00}，它的值为颜色。

（2）background-image 属性　设置背景图像，格式：{background-image：url（../images/bg.jpg）}，它的值为背景图片地址。

（3）background-repeat 属性　设置背景图片重复样式，格式：{background-repeat：no-repeat}，它的值为 no-repeat（不重复）、repeat-x（水平方向重复）、repeat-y（垂直方向重复）、repeat（水平垂直方向都重复，默认）。

（4）background-position 属性　设置背景图片的起始位置，格式：{background-position：1px 3px}，它的值对应水平位置、垂直位置。数值单位可以是 px 或%，也可以是关键字、水平方向值有 left、center、right，垂直方向值有 top、center、bottom。

（5）background-attachment 属性　设置图片是否固定，格式：{background-attachment：fixed}，fixed 表示固定在页面。

（6）background 属性　可以使用简写形式把属性写在一起，使用 background 属性即可。

格式：{background：#ff0 url（../images/bg.jpg）no-repeat 1px 3px fixed}。

另外，背景图可以占位 padding 区域，因此通常可利用 padding 配合背景图来做先导符号的效果。

4. 边框效果

（1）border-style 属性　设置边框线条样式，值有 dotted（点集）、solid（细线）、double（双线）、dashed（虚线）、none（无样式）。

（2）border-width 属性　设置边框宽度，它的值为长度值。

（3）border-color 属性　设置边框颜色，它的值为颜色值。

（4）border-bottom 属性　用于把下边框的所有属性设置到一个声明中。

（5）border-left 属性　用于把左边框的所有属性设置到一个声明中。

（6）border-right 属性　用于把右边框的所有属性设置到一个声明中。

（7）border-top 属性　用于把上边框的所有属性设置到一个声明中。

（8）border 属性　用于把针对 4 个边的属性设置到一个声明中。

5. 列表效果

（1）list-style-type 属性　设置引导列表项的符号类型值为 none、disc、circle、square、decimal、lower-roman。

（2）list-style-image 属性　设置使用图像作为定制列表符号。

（3）list-style-position 属性　设置列表项目缩进的程度，值有 outside、inside。

6. 渐变效果

CSS3 渐变（Gradient）可以在两个或多个指定的颜色之间显示颜色平稳地过渡。CSS3 定义了两种类型的渐变：

（1）线性渐变（Linear Gradient）　包括向下、向上、向左、向右、对角方向的渐变。

为了创建一个线性渐变，用户必须至少定义两种颜色的节点。颜色节点即想要呈现平稳过渡的颜色。同时，用户也可以设置一个起点和一个方向（或一个角度）。

格式：{ background-image：linear-gradient（direction, color-stop1, color-stop2, ...）;}

代码如下：

```
#grad {
    background-image: linear-gradient(#FFFFFF, #000000);
}
```

效果如图 2-10 所示。

（2）径向渐变（Radial Gradient）　由元素的中心定义的渐变。

为了创建一个径向渐变，用户必须至少定义两种颜色的节点。颜色节点即想要呈现平稳过渡的颜色。同时，用户也可以指定渐变的中心、形状（圆形或椭圆形）、大小。默认情况下，渐变的中心值为 center（表示在中心点），渐变的形状值为 ellipse（表示椭圆形），渐变的大小值为 farthest-corner（表示到最远的角落）。

格式：{ background-image：radial-gradient（shape size at position, start-color, ..., last-color）;}

代码如下：

```
#grad {
    background-image: radial-gradient(red, yellow, green);
}
```

效果如图 2-11 所示。

图 2-10　线性渐变效果

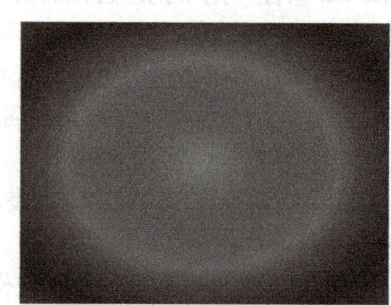

图 2-11　径向渐变效果

2.2.4　CSS 布局

CSS 布局常用的方式有：

（1）table 布局　table 布局如今已经很少使用，原因是 table 布局会比其他 HTML 标签占更多的字节，会阻挡浏览器渲染引擎的渲染顺序，会影响其内部某些布局属性生效。

（2）float 布局　float 布局主要依赖 float 这个属性，float 元素也称浮动元素，浮动元素会从普通的文档流中脱离，并且会影响其他周围的元素。

（3）flexBox 布局　flexBox 布局能自适应屏幕大小，并且对于移动端的开发非常方便。

（4）grid（网格）布局　网格布局基于一个二维网格的布局系统，可以同时处理行和列。它与 flexBox 布局有着本质区别，flexBox 是一维布局，一次只能处理一行或者一列（或者说单轴），而 grid 布局可以应用多个轴。

（5）position（定位）布局　使用 position 属性进行页面的绝对或相对定位。

1. CCS3 的 flexBox 布局

CSS3 为 display 属性增加了一个新值 flex，于是诞生了一种新的布局方式——flexBox 布局。flexBox 布局的优点是可以根据需要自动修改弹性容器内项目的间距和大小。利用这点，可以在不借助任何框架的情况下，只用短短几行代码就能实现响应式布局（项目宽度可以自适应）。flexBox 布局是 W3C 推出的一种全新的布局方式，可以简便、快捷、响应式地完成各种页面的布局效果。目前，flexBox 布局已兼容所有浏览器。

首先介绍 flexBox 布局的基本概念：

1）弹性容器（Flex Container）：装弹性元素的盒子。

2）弹性子元素（Flex Item）：容器里的所有子元素。

3）主轴（Main Axis）和侧轴（Cross Axis）又称交叉轴：这两个轴不真实存在，主轴默认是水平的，默认方向从容器的左边（Main Start）延伸至容器的右边（Main End）。侧轴默认与主轴垂直，默认方向从容器的顶部（Cross Start）延伸至容器的底部（Cross End），如图 2-12 所示。

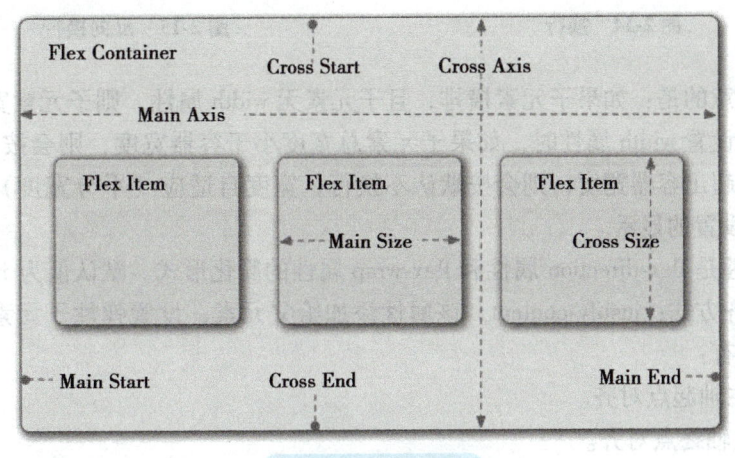

图 2-12　弹性盒子

下面介绍相关的属性：

1）显示属性：display。该属性需要设置给弹性元素的容器（以简称该容器为父元素），它的值为 flex，格式为：display: flex。

2）主轴方向：flex-direction。该属性添加给父元素，设置主轴的方向，它的值有：

row：默认值，水平方向，从左至右，如图 2-13a 所示。

row-reverse：水平方向，从右至左，如图 2-13b 所示。

column：垂直方向，从上至下，如图 2-13c 所示。

column-reverse：垂直方向，从下至上，如图 2-13d 所示。

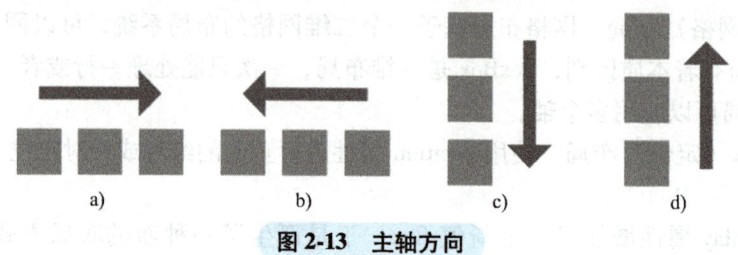

图 2-13　主轴方向

3) 弹性子元素的换行方式：flex-wrap。该属性添加给父元素，设置容器中的子元素总尺寸超过容器尺寸的换行方式，它的值有：

nowrap：默认值，不换行，如果弹性子元素的总宽度超过容器的宽度，那么系统会强制压缩弹性子元素的宽度以适应容器。

wrap：换行，第二行在第一行下面，如图 2-14 所示。

wrap-reverse：反向换行，第二行在第一行上面，和 wrap 相反，如图 2-15 所示。

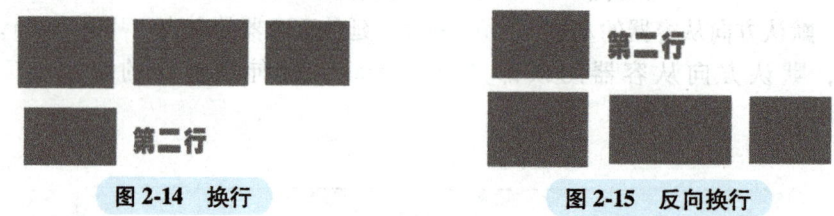

图 2-14　换行　　　　　　　　　图 2-15　反向换行

这里需要注意的是：如果子元素横排，且子元素无 width 属性，则子元素宽度和内容宽度相同。给子元素设置 width 属性时，如果子元素总宽度小于容器宽度，则会按 width 设置；如果子元素总宽度超出容器宽度，则会按默认不换行，宽度自适应（平分宽度）。设置换行后，宽度还按 width 设置的显示。

flex-flow 属性是 flex-direction 属性和 flex-wrap 属性的简化形式。默认值为 row nowrap。

4) 主轴对齐方式：justify-content。该属性添加给父元素，设置弹性子元素在主轴上的对齐方式，它的值有：

flex-start：主轴起点对齐。

flex-end：主轴终点对齐。

center：主轴居中。

space-around：所有元素沿主轴两个方向等距。

space-between：主轴方向两端元素靠边，每个元素间隔等距。

它们的效果如图 2-16 所示。

5) 单行副轴对齐方式：align-items。该属性添加给父元素，设置单行弹性子元素在侧轴上的对齐方式，它的值有：

flex-start：侧轴起点对齐。

flex-end：侧轴终点对齐。

center：侧轴居中。

stretch：默认值，规定弹性子元素在侧轴方向上的高度，默认填满整个侧轴，该效果只在不设置弹性子元素高度的情况下才会出现。

baseline：基线对齐。

效果如图 2-17 所示。

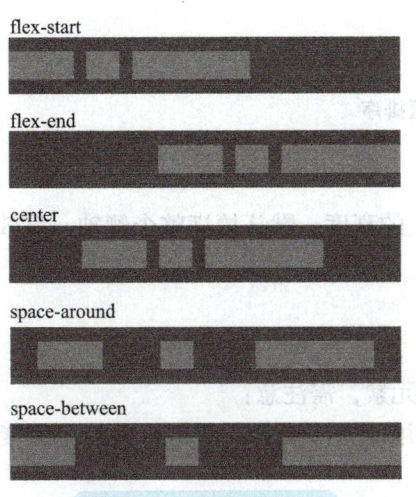

图 2-16　主轴对齐方式

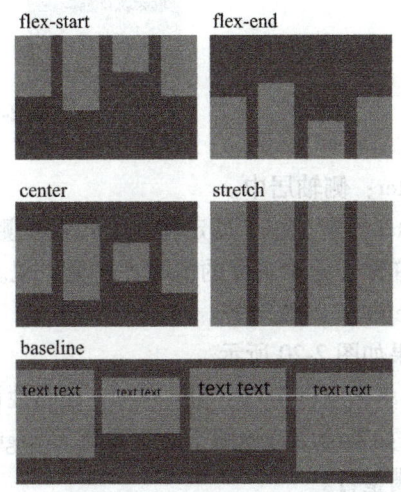

图 2-17　单行副轴对齐方式

6）多行副轴对齐方式：align-content。该属性添加给父元素，设置多行弹性子元素在侧轴上的对齐方式，它的值有：

flex-start：侧轴起点对齐。

flex-end：侧轴终点对齐。

center：侧轴居中。

stretch：默认值，规定弹性子元素在侧轴方向上的高度，默认填满整行，该效果只在不设置弹性子元素高度的情况下才会出现。

space-between：侧轴方向两端的元素靠边，每个元素间隔等距。

space-around：所有元素沿侧轴两个方向等距。

效果如图 2-18 所示。

下面介绍关于容器中的子元素的属性：

1）子元素排序：order。该属性设置给子元素，调整弹性子元素的排列顺序，默认值为 0，设置的值越小，元素越向前排布。如果值相同，则按照默认的书写顺序排序。效果如图 2-19 所示。

2）单个子元素副轴对齐方式：align-self。该属性设置给子元素，用于单独调整每个弹性子元素在侧轴上的对齐方式，它的值有：

flex-start：侧轴起点对齐。

flex-end：侧轴终点对齐。

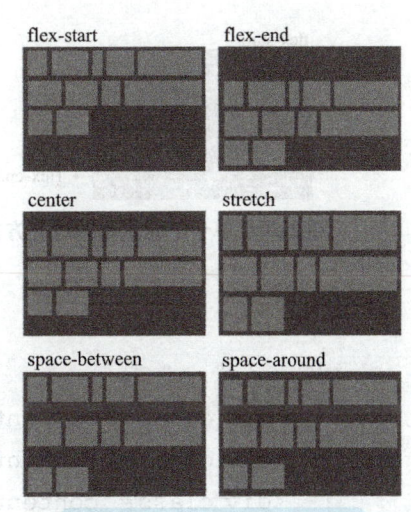

图 2-18　多行副轴对齐方式

图 2-19　子元素排序

center：侧轴居中。

stretch：默认值，规定弹性子元素在侧轴方向上的高度，默认填满整个侧轴，该效果只在不设置弹性子元素高度的情况下才会出现。

baseline：基线对齐。

效果如图 2-20 所示。

3）多余空间分配：flex-grow。该属性设置给子元素，需注意：

1）如果给所有伸缩子元素设置 flex-grow：1，并且允许换行，则每行内的子元素均分宽度，填满整行。

2）如果子元素本身有宽度，则参考此宽度决定是否换行，由于有 flex-grow：1，所以自动调整最终宽度，填满整行。

3）如果不允许换行，则可以选择 flex-grow 样式属性或 flex-shrink 样式属性。

当子元素的 width 样式属性值的总和小于容器元素的宽度值时，必须通过 flex-grow 样式属性来调整子元素宽度。当子元素的 width 样式属性值的总和大于容器元素的宽度值时，必须通过 flex-shrink 样式属性来调整子元素宽度。

flex-grow 可用于设置弹性子元素多余空间的分配比例：默认值是 0（表示不分配），可以填写不同的比例让弹性子元素分配多余的空间，如图 2-21 所示。

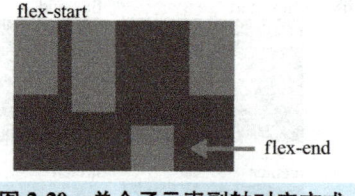

图 2-20　单个子元素副轴对齐方式

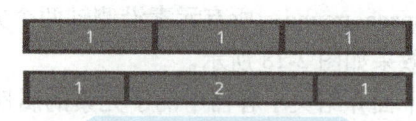

图 2-21　多余空间分配

代码如下：

```
<div id="main">
    <div class="content"></div>
    <div class="content"></div>
    <div class="content"></div>
```

```
</div>
<style>
#main {
    display: flex;
    width: 600px;
}
.content {
    width:150px;
    flex-grow:1;
}
.content:nth-child(2) {
    flex-grow:3;
}
</style>
```

如上代码中,当伸缩项目宽度总和小于伸缩容器宽度时:

600(容器宽度)-150×3(3 个样式类名为 content 的 div 元素宽度的总宽度)= 150px。

150÷5(3 个样式类名为 content 的 div 元素宽度的 flex-grow 样式属性值的总和)= 30px。

第一个与第三个样式类名为 content 的 div 元素宽度均等于 150(其 width 样式属性值)+ 30×1(其 flew-grow 样式属性值)= 180px。

第二个样式类名为 content 的 div 元素的宽度等于 150(其 width 样式属性值)+30×3(其 flew-grow 样式属性值)= 240px。

4)空间不足分配:flex-shrink。该属性设置给子元素,用于设置弹性子元素在空间不足时的收缩比例,默认值为 1。子元素的宽度相同时的代码如下:

```
<div id="main">
    <div class="content"></div>
    <div class="content"></div>
    <div class="content"></div>
</div>
<style>
#main {
    display: flex;
    width: 600px;
}
.content {
    width:250px;
    flex-shrink:1;
}
```

```
.content:nth-child(2) {
    flex-shrink:3;
}
</style>
```

如上代码中,当伸缩项目宽度总和大于伸缩容器宽度时:

250×3(3 个样式类名为 content 的 div 元素宽度的总宽度)-600(容器宽度)= 150px。

150÷5(3 个样式类名为 content 的 div 元素宽度的 flex-shrink 样式属性值的总和)= 30px。

第一个与第三个样式类名为 content 的 div 元素宽度均为 250(其 width 样式属性值)-30×1(其 flew-shrink 样式属性值)= 220px。

第二个样式类名为 content 的 div 元素宽度等于 250(其 width 样式属性值)-30×3(其 flew-shrink 样式属性值)= 160px。

当子元素宽度不同时,计算步骤:

首先计算权重,即计算每个元素的原始宽度×每个元素的收缩比例的和。

然后计算溢出量,即所有弹性子元素的宽度和-容器的宽度。

最后计算具体的收缩值,即元素的原始宽度×收缩比例÷权重×溢出量。

例子:

父元素:400px。

div1:原始宽度为 300px,收缩比例为 1。

div2:原始宽度为 220px,收缩比例为 1。

div3:原始宽度为 180px,收缩比例为 1。

权重:300×1+220×1+180×1 = 700。

溢出量:300+220+180-400 = 300。

div1 的收缩值:300×1/700×300 = 128.571。

div2 的收缩值:220×1/700×300 = 94.285。

div3 的收缩值:180×1/700×300 = 77.142。

5)子元素理想尺寸:flex-basis。该属性设置给子元素,该样式可以理解为弹性子元素被放进容器之前的大小,是假设或者理想尺寸,但是并不一定是真实尺寸,弹性子元素最终的真实尺寸取决于容器。弹性子元素的应用准则:

content < width < flex-basis <(limted max | min-width)

如果不设置弹性子元素的宽度,则默认由内容决定或者由 flex-grow 的比例决定。如果设置了 width,则以 width 为准。如果同时设置了 width 和 flex-basis,则以 flex-basis 为准。

width 与 flex-basis 的区别:

① flex-basis 的优先级大于 width。

② flex-basis 只对弹性子元素起作用,对普通元素没有效果。

③ 当主轴为水平时,flex-basis 作用的是元素的宽度;当主轴为垂直时,flex-basis 作用的是元素的高度。

flex-basis 对绝对定位的元素不起效果。

6)综合写法:flex。该属性设置给子元素,flex 是 flex-grow、flex-shrink、flex-basis 三者的合写形式。

flex 的默认值：0 1 auto（尺寸等于灵活的项目尺寸）。

flex：auto（相当于 1 1 auto）。

flex：none（相当于 0 0 auto）。

flex：1（相当于 1 1 0%）。

2. CSS3 的 grid（网格）布局

grid（网格）布局是基于二维网格的布局系统，可以同时处理行和列。

下面介绍 grid 布局的基本概念：

容器（Container）：采用 grid 布局的区域。

项目（Item）：容器内部采用网格定位的子元素。

行（Row）和列（Column）：容器里面的水平区域称为行，垂直区域称为列。

单元格（Cell）：行和列的交叉区域。正常情况下，n 行和 m 列会产生 $n×m$ 个单元格。如 3 行 3 列会产生 9 个单元格。

网格线（Grid Line）：划分网格的线。水平网络线划分出行，垂直网格线划分出列。正常情况下，n 行有 $n+1$ 条水平网格线，m 列有 $m+1$ 条垂直网格线，如 3 行有 4 条水平网格线。图 2-22 是一个 4×4 的网格，共有 5 条水平网格线和 5 条垂直网格线。

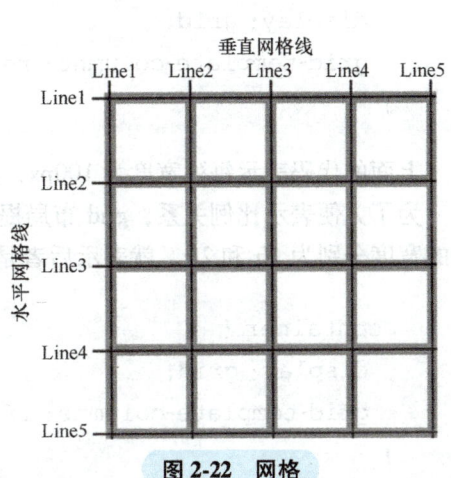

图 2-22　网格

grid 布局的属性分成两类。一类定义在容器上面，称为容器属性；另一类定义在项目上面，称为项目属性。这里先介绍容器属性。

1）display 属性。该属性设置在容器上。

display：grid 指定一个容器采用 grid 布局。默认情况下，容器元素都是块级元素，但也可以设置成行内元素：display：inline-grid。

2）grid-template-columns 属性、grid-template-rows 属性。这两个属性设置在容器上，在容器指定了 grid 布局以后，接着要划分行和列。grid-template-columns 属性定义每一列的列宽，grid-template-rows 属性定义每一行的行高。

```
.container {
  display: grid;
  grid-template-columns: 100px 100px 100px;
  grid-template-rows: 100px 100px 100px;
}
```

上面的代码指定了一个 3 行 3 列的网格，列宽和行高都是 100px。除了使用绝对单位外，也可以使用百分比。有时候重复写同样的值会非常麻烦，尤其当网格很多时，这时就可以使用 repeat（）函数简化重复的值。上面的代码用 repeat（）改写如下：

```
.container {
  display: grid;
  grid-template-columns: repeat(3, 33.33%);
  grid-template-rows: repeat(3, 33.33%);
}
```

有时单元格的大小是固定的,但是容器的大小不确定。如果希望每一行(或每一列)都容纳尽可能多的单元格,就可以使用 auto-fill 关键字表示自动填充。代码如下:

```
.container {
  display: grid;
  grid-template-columns: repeat(auto-fill, 100px);
}
```

上面的代码表示每列宽度为 100px,然后自动填充,直到容器不能放置更多的列。

为了方便表示比例关系,grid 布局提供了 fr 关键字(fraction 的缩写,意为片段)。如果两列的宽度分别为 1fr 和 2fr,就表示后者是前者的两倍。代码如下:

```
.container {
  display: grid;
  grid-template-columns: 1fr 1fr;
}
```

上面的代码表示两个相同宽度的列。

minmax()函数可产生一个长度范围,表示长度就在这个范围之中。它接收两个参数,分别为最小值和最大值。代码如下:

```
grid-template-columns: 1fr 1fr minmax(100px,1fr);
```

上面的代码中,minmax(100px,1fr) 表示列宽不小于 100px,不大于 1fr。auto 关键字表示由浏览器自身决定长度。

```
grid-template-columns: 100px auto 100px;
```

上面的代码中,第二列的宽度基本等于该列单元格的最大宽度。除非单元格内容设置了 min-width,且这个值大于最大宽度。

grid-template-columns 属性和 grid-template-rows 属性中,还可以使用方括号指定每一条网格线的名字,方便以后的引用。代码如下:

```
.container {
  display: grid;
  grid-template-columns: [c1] 100px [c2] 100px [c3] auto [c4];
```

```
grid-template-rows:[r1] 100px [r2] 100px [r3] auto [r4];
}
```

上面的代码指定 grid 布局为 3 行×3 列,因此有 4 条垂直网格线和 4 条水平网格线。方括号里面依次是这 8 条线的名字。grid 布局允许同一条线有多个名字,如 [fifth-line row-5]。

3) grid-row-gap 属性、grid-column-gap 属性、grid-gap 属性。grid-row-gap 属性设置行与行的间隔(行间距),grid-column-gap 属性设置列与列的间隔(列间距),grid-gap 属性是 grid-column-gap 和 grid-row-gap 的合并简写形式。代码如下:

```
.container {
    grid-row-gap: 20px;
    grid-column-gap: 20px;
}
```

上面代码中,grid-row-gap 用于设置行间距,grid-column-gap 用于设置列间距。grid-gap 属性代码如下:

```
grid-gap: <grid-row-gap> <grid-column-gap>;
```

如果 grid-gap 省略了第二个值,则浏览器认为第二个值等于第一个值。根据最新标准,上面 3 个属性名的 grid(前缀)被删除,grid-column-gap 和 grid-row-gap 写成 column-gap 和 row-gap,grid-gap 写成 gap。

4) grid-template-areas 属性。grid 布局允许指定区域(Area),一个区域由单个或多个单元格组成。grid-template-areas 属性用于定义区域。代码如下:

```
.container {
    display: grid;
    grid-template-columns: 100px 100px 100px;
    grid-template-rows: 100px 100px 100px;
    grid-template-areas: 'a b c'
                         'd e f'
                         'g h i';
}
```

上面代码先划分出 9 个单元格,然后将其定名为 a~i 的 9 个区域,分别对应这 9 个单元格。

5) grid-auto-flow 属性。划分网格以后,容器的子元素会按照顺序自动放置在每一个网格。默认的放置顺序是"先行后列",即先填满第一行,再开始放入第二行,即图 2-23 所示数字的顺序。这个顺序由 grid-auto-flow 属性决定,默认值是 row,即"先行后列"。也可以将它设成 column,变成"先列后行"。

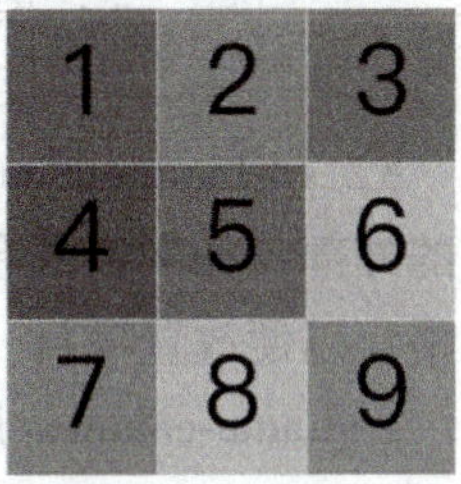

图 2-23 先行后列

6) justify-items 属性、align-items 属性、place-items 属性。

justify-items 属性设置单元格内容的水平位置（左中右），align-items 属性设置单元格内容的垂直位置（上中下），place-items 属性是 align-items 属性和 justify-items 属性的合并简写形式。代码如下：

```
.container {
    justify-items: start | end | center | stretch;
    align-items: start | end | center | stretch;
}
```

这两个属性的写法完全相同，都可以取下面这些值：

start：对齐单元格的起始边缘。

end：对齐单元格的结束边缘。

center：单元格内部居中。

stretch：拉伸，占满单元格的整个宽度（默认值）。

7) justify-content 属性、align-content 属性、place-content 属性。justify-content 属性是整个内容区域在容器里面的水平位置，align-content 属性是整个内容区域的垂直位置，place-content 属性是 align-content 属性和 justify-content 属性的合并简写形式。代码如下：

```
.container {
    justify-content: start | end | center | stretch | space-around | space-between | space-evenly;
    align-content: start | end | center | stretch | space-around | space-between | space-evenly;
}
```

这两个属性的写法完全相同，都可以取下面这些值：

start：对齐容器的起始边框。

end：对齐容器的结束边框。

center：在容器内部居中。

stretch：项目大小没有指定时，拉伸占据整个网格容器。

space-around：每个项目两侧的间隔相等，项目之间的间隔比项目与容器边框的间隔大一倍。

space-between：项目与项目的间隔相等，项目与容器边框之间没有间隔。

space-evenly：项目与项目的间隔相等，项目与容器边框之间也具有同样长度的间隔。

8) grid-auto-columns 属性、grid-auto-rows 属性。有时候，一些项目的指定位置在现有网格的外部。如网格只有 3 列，但是某一个项目指定在第 5 行。这时浏览器会自动生成多余的网格，以便放置项目。

grid-auto-columns 属性和 grid-auto-rows 属性用来设置浏览器自动创建的多余网格的列宽和行高。它们的格式与 grid-template-columns 属性和 grid-template-rows 属性完全相同。如果不指定这两个属性，则浏览器完全根据单元格内容的大小确定新增网格的列宽和行高。代码如下：

```
.container {
    display: grid;
    grid-template-columns: 100px 100px 100px;
    grid-template-rows: 100px 100px 100px;
    grid-auto-rows: 50px;
}
```

上面的代码指定新增的行高统一为 50px（原始的行高为 100px）。下面的例子中，划分好的网格是 5 行×3 列，但是 8 号项目指定在第 4 行，9 号项目指定在第 5 行，效果如图 2-24 所示。

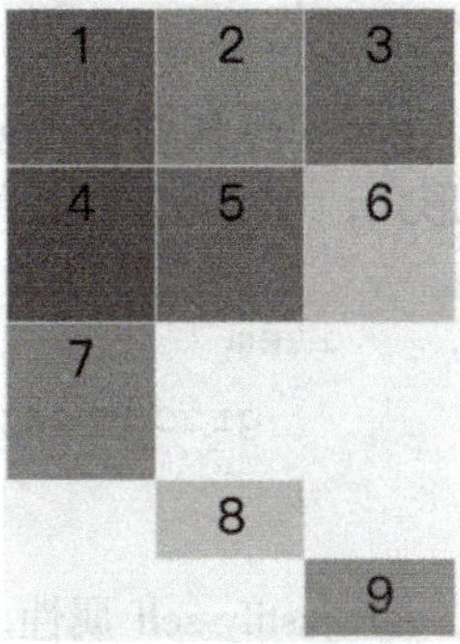

9）grid-template 属性、grid 属性。grid-template 属性是 grid-template-columns、grid-template-rows 和 grid-template-areas 这 3 个属性的合并简写形式。grid 属性是 grid-template-rows、grid-template-columns、grid-template-areas、grid-auto-rows、grid-auto-columns、grid-auto-flow 这 6 个属性的合并简写形式。从易读易写的角度考虑，还是建议不要合并属性。

图 2-24 效果图

下面介绍项目属性：

1）grid-column-start 属性、grid-column-end 属性、grid-row-start 属性，grid-row-end 属性。项目的位置是可以指定的，具体方法是指定项目的 4 个边框分别定位在哪条网格线处。

grid-column-start 属性：左边框所在的垂直网格线。
grid-column-end 属性：右边框所在的垂直网格线。
grid-row-start 属性：上边框所在的水平网格线。
grid-row-end 属性：下边框所在的水平网格线。

下面的例子展示指定 4 个边框位置的效果。代码如下：

```
.item-1 {
    grid-column-start: 1;
    grid-column-end: 3;
    grid-row-start: 2;
    grid-row-end: 4;
}
```

这 4 个属性的值，除了指定为第几条网格线外，还可以指定为网格线的名字。这 4 个属性的值还可以使用 span 关键字，表示跨越，即左右边框（上下边框）之间跨越多少个网格。使用这 4 个属性，如果产生了项目的重叠，则使用 z-index 属性指定项目的重叠顺序。

2）grid-column 属性、grid-row 属性。grid-column 属性是 grid-column-start 和 grid-column-end 的合并简写形式，grid-row 属性是 grid-row-start 属性和 grid-row-end 的合并简写形式。格式如下：

```
.item {
    grid-column: <start-line> / <end-line>;
```

```
    grid-row: <start-line> / <end-line>;
}
```

3) grid-area 属性。grid-area 属性指定项目放在哪一个区域。代码如下：

```
.item-1 {
    grid-area: e;
}
```

grid-area 属性还是 grid-row-start、grid-column-start、grid-row-end、grid-column-end 的合并简写形式，直接指定项目的位置。

```
.item {
    grid-area: <row-start> / <column-start> / <row-end> / <column-end>;
}
```

4) justify-self 属性、align-self 属性、place-self 属性。justify-self 属性设置单元格内容的水平位置，与 justify-items 属性的用法完全一致，但只作用于单个项目。align-self 属性设置单元格内容的垂直位置，与 align-items 属性的用法完全一致，也是只作用于单个项目。place-self 属性是 align-self 属性和 justify-self 属性的合并简写形式。代码如下：

```
.item {
    justify-self: start | end | center | stretch;
    align-self: start | end | center | stretch;
}
```

这两个属性都可以取下面的 4 个值：

start：对齐单元格的起始边缘。

end：对齐单元格的结束边缘。

center：单元格内部居中。

stretch：拉伸占满单元格的整个宽度（默认值）。

至此，常用的关于 grid 布局的属性已经介绍完毕，希望大家能够通过综合案例掌握这些属性。

3. CCS3 的定位布局

CSS3 中的定位布局分为静态（Static）布局、相对（Relative）布局、绝对（Absolute）布局、粘滞（Sticky）布局、固定（Fixed）布局。它们都是通过设置 position 属性的值来控制的。

静态布局：HTML 元素默认的定位是静态布局，默认定位在文档流中，设置"position：static；"样式的元素不会受到 left、right、bottom、top 属性的影响。它不会因为任何特殊的定位方法而改变其在正常流中的位置。

相对布局：相对布局是指元素相对于其在原来标准流中的位置进行移动，可通过设置"position：relative；"实现，通过 left、right、bottom、top 属性进行调整。

绝对布局：可通过设置"position：absolute；"实现。默认情况下，不论有无父元素，都以 body 作为参考点。但是，当父元素中有定位流元素（使用了绝对布局、相对布局、固定布局）时，该元素就是参考点。如果其父元素中含有多个定位流元素，则选择最近的定位流元素作为参考点。

粘滞布局： 可通过"设置 position：sticky；"实现。此布局结合了相对布局和固定布局，通过相对布局定位到某一位置，当视口到达此位置时，将其固定住。如设置"top：50px"，那么在 sticky 元素到达距离相对布局的元素顶部 50px 的位置时固定，不再向上移动。此时相当于固定布局）。

固定布局： 可通过设置"position：fixed；"实现。设置了固定布局的元素是相对于视口定位的，也就是说其不会随着滚动条的滚动而滚动，它始终处于一个视口中的固定位置，通过 left、right、bottom、top 属性调整其位置。

下面详细介绍绝对布局与相对布局：

1）绝对布局。可通过设置"position：absolute；"实现，相对于最近的那个已定位的父元素定位，如果没有，则相对于当前浏览器可视视窗定位，会让出原空间位置。

2）相对布局。可通过设置"position：relative；"实现，相对于原位置重新定位，不会让出原空间位置。

子元素使用绝对布局，父元素使用相对布局。子元素不会占用标准流位置，但子元素会相对于父元素进行定位，且父元素可保留原位置。这种布局简称子绝父相。下面根据案例来看它们的结合使用：

案例：盒子居中（水平与垂直都居中），方法一代码如下：

```
/*方法一*/
div{
    position:absolute;
    width:300px;
    height:300px;
    top:50%;
    left:50%;
    margin-left:-150px;
    margin-top:-150px;
}
```

方法二代码如下：

```
/*方法二*/
div{
    position:absolute;
    width:300px;
    height:300px;
    top:0;
    left:0;
```

```
        right:0;
        bottom:0;
        margin:auto;
}
```

对比上述案例，方法二使用子绝父相的布局方式更灵活，如果元素的宽、高度改变了，也不会影响布局。

关于绝对布局与相对布局，需要注意一些特性：
① 行内元素添加了绝对布局，可以直接给出高度和宽度，不用转换。
② 块元素添加了绝对布局，如果没有指定宽度，则会自动收缩到内容的宽度。
③ 绝对布局的盒子不受父盒子 padding 的影响。
④ 父元素为绝对布局，不需要清除浮动。

3）z-index 属性。

加了布局的盒子，默认为"后来者居上"，即后面的盒子会压住前面的盒子。应用 z-index 层叠等级属性可以调整盒子的堆叠顺序，它的格式为"z-index:数字;"，它的属性值为正整数、负整数或 0，默认值是 0，数值越大，盒子越靠上。该属性只对定位的元素生效，标准流和浮动元素无效。

关于绝对布局与相对布局还需要注意一点：层定位布局模型的功能如同图像软件 Photoshop 中的图层编辑功能一样，每个图层都能够进行精确定位操作，但在网页设计领域，由于受网页大小的活动性影响，层布局未能广泛使用，但是在网页上使用层布局还是有其方便之处的。在页面布局的时候，总体使用弹性盒子布局或者 grid 布局；在局部定位的时候使用绝对布局或相对布局更合适。

请分别用弹性盒子布局及 grid 布局搭配相对布局/绝对布局来模拟实现小米商城的首页：https：//www.mi.com。

练习与思考

实践题

1. 使用 3 种方法实现下列代码垂直居中显示。

```
<div class="father">
    <div class="son">我是垂直居中的 div</div>
</div>
```

2. 使用 3 种方法实现下列 HTML 代码两栏布局、左边固定、右边自适应。

```
<div class="father">
    <div class="left"></div>
    <div class="right"></div>
</div>
```

3. 使用3种方法实现下列 HTML 代码三栏布局、左右固定、中间元素自适应。

```html
<div class="father">
    <div class="left"></div>
    <div class="right"></div>
    <div class="main"> </div>
</div>
```

4. 使用子绝父相的方式模拟图 2-25 所示的小米官网轮播图模块的定位效果。

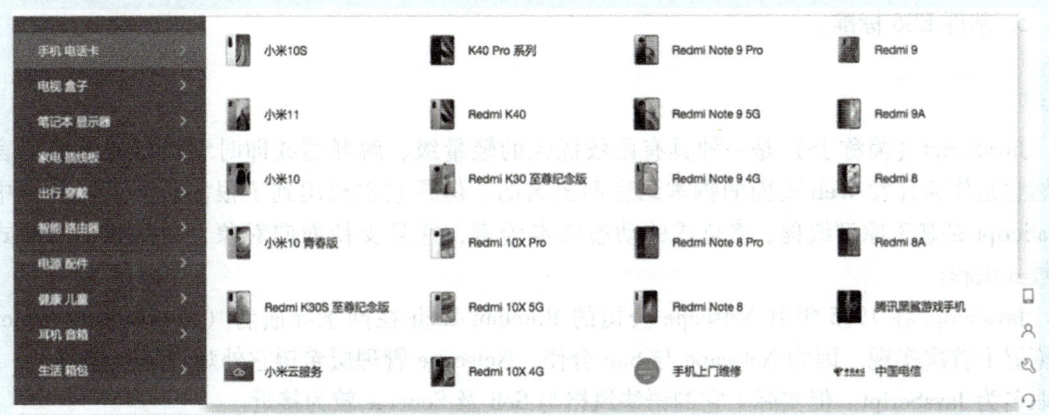

图 2-25　题 4 效果图

5. 分别使用弹性盒子和 grid 布局方式实现图 2-26 所示的效果。

图 2-26　题 5 效果图

任务 2.3　学习 JavaScript

 任务目标

1. 掌握 JavaScript 的基本语法。
2. 掌握 JavaScript 的流程控制。
3. 掌握 JavaScript 类与对象的概念。
4. 掌握 JavaScript 的 DOM 编程。
5. 掌握 ES6 标准。

 任务描述

JavaScript（简称 JS）是一种具有函数优先的轻量级、解释型或即时编译型的编程语言。虽然它是作为开发 Web 页面的脚本语言而出名的，但是它也被用到了很多非浏览器环境中。JavaScript 是基于原型编程、多范式的动态脚本语言，并且支持面向对象、命令式、声明式、函数式编程。

JavaScript 在 1995 年由 Netscape 公司的 Brendan Eich 在网景导航者（Netscape Navigator）浏览器上首次实现。因为 Netscape 与 Sun 合作，Netscape 管理层希望它外观看起来像 Java，所以取名为 JavaScript。但实际上它的语法风格与 Self 及 Scheme 较为接近。

JavaScript 的标准是 ECMAScript。截至 2012 年，所有浏览器都完整地支持 ECMAScript 5.1。2015 年 6 月 17 日，ECMA 国际组织发布了 ECMAScript 的第六版，该版本的正式名称为 ECMAScript 2015，常被称为 ECMAScript 6 或者 ES 2015。

任务分析

通过对 JavaScript 的基本语法的介绍和实训案例的讲解，读者应掌握 JavaScript 的基本语法、流程控制、类与对象、DOM 编程等内容。最后，通过任务实施完成对 JavaScript 更全面的掌握与灵活运用。

前面讲解了 HTML 与 CSS，HTML 负责页面的内容部分，CSS 负责布局与样式，而 JavaScript 负责页面的行为和动作（交互）。JavaScript（ECMAScript）与 Java 没有关系，只是名字相近，不要混为一谈。

1. JavaScript 的组成部分

ECMAScript：是 JavaScript 的核心基础，这个标准由 ECMA（前身为欧洲计算机制造商协会，英文名称是 European Computer Manufacturers Association）发展和维护。ECMA 是正式的 JavaScript 标准，提供语法、数据类型、语句、关键保留字、流程控制、内置对象、运算符等规范，定义了脚本语言的所有属性、方法和对象。

DOM（Document Object Model，文档对象模型）：处理与文档内容有关的方法。

BOM（Browers Object Model，浏览器对象模型）：描述与浏览器进行交互的方法。

2. JavaScript 的特点

1）弱类型，没有严格的数据类型。
2）事件驱动，所有的逻辑出发需要借助事件。

3）跨平台。
4）面向对象，一切事物都可以视为对象。

3. JavaScript 的基本语法

JavaScript 是脚本语言，脚本是由一系列指令构成的文档，这些指令可以组成语句。JavaScript 中的一条语句可以独占一行，也可以把多条语句放在一行，每条语句都要以";"结束。为了规范，建议每条语句占单独一行，并且还要以";"结尾。

4. 引入 HTML 方式

1）内部引用：在对应的 HTML 页面通过 script 标签包裹一段 JavaScript 代码。代码如下：

```
<! DOCTYPE html>
<html>
    <head>
        <meta charset="utf-8" />
        <title></title>
    </head>
    <body>

    </body>
    <script type="text/javascript">
        //script 标签包裹一段 JavaScript 代码
    </script>
</html>
```

2）外部引用：在对应 HTML 页面的 body 标签的结束位置，通过 script 标签从 js 文件夹中引入一个 .js 文件。代码如下：

```
<! DOCTYPE html>
<html>
    <head>
        <meta charset="utf-8" />
        <title></title>
    </head>
    <body>

    </body>
    //从 js 文件夹中引入一个 .js 文件
    <script type="text/javascript" src="js/index.js"></script>
</html>
```

3）标签内事件引用。代码如下：

```
<div onclick="JavaScript 语句">行内 JS</div>
```

注意：JavaScript 代码的引入是同步引入的，因此，引入的 .js 文件一般都需要放在 body 标签结束的位置，这样可以保证 JavaScript 在引入时网页中的一些资源文件可以提前加载。

5. JavaScript 的输入与输出

1）输入：

prompt（"提示信息"）：浏览器弹出输入框，用户根据提示输入。

2）输出：

alert（"输出的内容"）：显示一个带有指定内容和"确定"按钮的警告框。

console.log（"这是我输出的内容"）：在控制台输出内容，常用于代码测试。

document.write（"这是我输出的内容"）：向页面 body 里写内容（字符串文字，字符串标签），如果写多个，则效果为拼接，不是覆盖。

document.getElementById（"test"）.innerHTML = "内容已修改"：向某个 html 元素里写内容（必须先找到元素）。

6. JavaScript 的注释

//表示单行注释，快捷键为<Ctrl+/>（在 VSCode 编辑器中）。

/*...*/表示多行注释，快捷键为<Ctrl+Shift+/>（在 VSCode 中）。

2.3.1 数据类型

在了解了简单的 JavaScript 基本语法后，下面详细讲解 JavaScript 的数据类型。

不管任何编程语言，用户首先需要掌握它的基本数据类型。数据类型就是对数据的分类，不同的分类对数据的空间占用和处理方式都不同。每种编程语言都有自己的基本数据类型与扩展数据类型，下面介绍 JavaScript 的基本数据类型，见表 2-1。

表 2-1 数据类型及其说明和默认值

简单数据类型	说 明	默 认 值
number	数字型，包含整型值和浮点型值，如 21、0.21	0
boolean	布尔值类型，如 true、false，等价于 1 和 0	false
string	字符串类型，如"张三"，注意 JavaScript 里面的字符串都使用引号括起来	""
undefined	"var a;"声明了变量 a，但是没有给出值，此时 a=undefined	undefined
null	"var a=null;"声明了变量 a 为空值	null

1. 数值

数值类型（number）：分为整型、浮点型、NaN。

1）整型：

6：正数十进制。

-100：负数十进制。

0xf00：十六进制数，会被转换成十进制显示。

0177：八进制数，会被转成十进制显示。

2）浮点型，举例如下：

1.2

.123

3.14e11：$3.14×10^{11}$，如果次方是负的，那么小数点向左移动。

浮点数值的最高精度是 17 位小数。

浮点数在进行计算时的结果不够精确，需要对浮点数运算的结果做四舍五入来处理到某个小数位，否则不是一个精确的值。

3) NaN (Not a Number)。NaN 是一个特殊的 number 值，NaN (Not a Number) 表示非数字，当程序由于某种原因计算错误时，将产生一个无意义的数字 NaN。NaN 与任何值都不相等，包括 NaN 本身。任何涉及 NaN 的操作，结果都为 NaN。在 JavaScript 中，可以使用 isNaN()函数来判断变量是否不为数字型变量（是否为非数字）。

2. 字符串

字符串型是 JavaScript 中用来表示文本的数据类型，字符串必须由单引号或是双引号括起来。单引号和双引号均不能解析变量，变量与字符串、变量与变量之间可以使用运算符"+"来连接。单引号和双引号可以互相嵌套，如果单引号中要嵌套单引号，则需要将单引号转义，同理，双引号中嵌套双引号也需要转义。

转义字符：类似 HTML 的特殊字符，字符串中也有特殊字符，称为转义字符。转义字符都是以"\"开头的，见表 2-2。

表 2-2　转义字符及说明

转 义 字 符	说　　明
\ n	换行符，n 是 newline 的意思
\ \	斜杠
\ '	单引号
\ "	双引号
\ t	缩进，t 是 tab 的意思
\ b	空格，b 是 blank 的意思

3. 布尔

布尔值有 true 和 false，分别代表逻辑真、假。true 和 false 是严格区分大小写的。

4. 对象

对象是 JavaScript 的复杂类型，如数组、字典都是对象。实际上，JavaScript 中万物皆对象，也就是说，之前介绍的所有基本类型都可转换成 JavaScript 的内置对象。

5. undefined

undefined 是一种特殊的数据类型，表示未定义。

返回 undefined 的情况有：

1) 只定义了一个变量，但没有为该变量赋值。
2) 使用了一个并未定义的变量。
3) 使用了一个不存在的对象的属性。

2.3.2　运算符

1. 算术运算符（+、-、*、/、%、++、--）

作用：将变量中的数据取出参与常见的数学运算。

常用的算术运算符："+"，"-"，"*"，"/"，"%（取余数）"。该类运算符属于双目运算符，即参与运算的变量必须是两个。

代码如下：

```
//定义两个变量
var num1 = 20;
var num2 = 30;
//求和运算
var num = num1 + num2;
//求差运算
num = num1 - num2;
//求积运算
num = num1 * num2;
//求商运算
num = num1/num2;
//求余运算
num = num1 % num2;
```

新增的数学运算符：++（自增运算）、--（自减运算）。

自增运算符和自减运算符都是针对某一个使用的变量自身数据所做的修改，自增/自减的幅度都为1。代码如下：

```
//自增运算和自减运算
var num3 = 10;
num3++;
num3--;
```

自增运算符和自减运算符都属于单目运算符，即参与运算的变量只有一个，并且该运算符直接影响参与运算的变量中的数据。

注意：自增运算符（自减运算符）出现在变量的右侧，此时如果直接使用该变量中的数据，则会先把变量中的数据提交给使用者，之后将变量中的数据自增（自减）1。

自增运算符（自减运算符）出现在变量的左侧，此时如果直接使用该变量中的数据，则会先把变量中的数据自增（自减）1，之后将自增以后的数据提交给外界使用。

算术运算符中，自增运算符和自减运算符的优先级高于×、/、%。而×、/、%的优先级高于+、-。代码如下：

```
var num4 = 10;
var number = num4++;
//注意:" var number = num4++;"等价于下面的操作
var number = num4;
num4 = num4+1;

var num4 = 10;
var number = ++num4;
//注意:" var number = ++num4;"等价于下面的操作
```

```
num4 = num4 + 1;
var number = num4;
```

2. 比较运算符（>、<、>=、<=、==、===、!=、!==）

作用：关系运算符用于比较两者，而比较的结果只有两种，即正确或者不正确（布尔值）。示例如图 2-27 所示。

```
var a = "20";
var b = 20;
console.log(a > b);
console.log(a < b);
console.log(a >= b);
console.log(a <= b);
console.log(a == b);
console.log(a === b);
console.log(a != b);
console.log(a !== b);
```

false	JavaScript基础知识.html:369
false	JavaScript基础知识.html:370
true	JavaScript基础知识.html:371
true	JavaScript基础知识.html:372
true	JavaScript基础知识.html:373
false	JavaScript基础知识.html:374
false	JavaScript基础知识.html:375
true	JavaScript基础知识.html:376

图 2-27　比较运算符示例

3. 逻辑运算符（&&、||、!）

作用：

1）&&（逻辑与）：运算符两侧的结果都为真，值才为真；有一个为假，就为假。

2）||（逻辑或）：运算符两侧的结果有一个为真，值就为真；两侧都为假，值才为假。

3）!（逻辑非）：单目运算符，逻辑颠倒。

示例如图 2-28 所示。

```
var a = 10;
var b = 20;
var c = 30;
var r1 = a < b && b < c;
console.log(r1);

var r2 = a > b || b < c;
console.log(r2);

var r3 = !true;
console.log(!r3);
var r4 = !(10 > 20);
console.log(r4);
```

true	JavaScript基础知识.html:402
true	JavaScript基础知识.html:406
true	JavaScript基础知识.html:409
true	JavaScript基础知识.html:411

图 2-28　逻辑运算符示例

当逻辑运算符的两端不是关系表达式时，在 JavaScript 中会出现很多种情况。相关代码如下：

```
console.log(true && 10);    // 第一个操作数是 true，结果是第二个操作数
console.log(false && 10);   // 第一个操作数是 false，结果是 false
console.log(100 && false);  // 第一个操作数是非 0 数，结果是 false
console.log(undefined && false);  // 第一个操作数是 undefined，结果是 undefined
console.log(NaN && false);  // 第一个操作数是 NaN，结果是 NaN
console.log(null && false); // 第一个操作数是 null，结果是 null
console.log("" && 100);     // 第一个操作数是空字符串，结果是空字符串
console.log(0 && 100);      // 第一个操作数是 0，结果是 0
console.log(5 && 100);      // 结果是 100
console.log(a && b);        // 结果是 20
console.log(obj && 200);    // 结果是 200

console.log(true || 10);    // 第一个操作数是 true，结果是 true(短路)
console.log(false || 10);   // 第一个操作数是 false，结果是第二个操作数
console.log(100 || false);  // 结果是 100(短路)
console.log(undefined || 5);// 第一个操作数是 undefined，结果是 5
console.log(NaN || false);  // 第一个操作数是 NaN，结果是 false
console.log(null || false); // 第一个操作数是 null，结果是 false
console.log("" || 100);     // 第一个操作数是空字符串，结果是 100
console.log(0 || 100);      // 第一个操作数是 0，结果是 100
console.log(5 || 100);      // 结果是 5
console.log(a || b);        // 结果是 a 的值
console.log(obj || 200);    // 结果是 obj
```

短路现象：有些时候，系统能从第一个式子判断出整个运算的结果，那么系统不再处理第二个式子。

4. 三元运算符

格式为"表达式1?表达式2:表达式3;"。如果表达式1的结果为 true，则返回表达式2 的值；如果表达式1的结果为 false，则返回表达式3 的值。代码如下：

```
var m =100>99 ? 66 : 33
console.log(m);
```

5. instanceof

语法：obj instanceof F。

描述：查看 obj 对象是否是 F 的一个实例，若是，则返回 true；若不是，则返回 false。

6. typeof

typeof 是一元运算，放在运算数之前，运算数可以是任意类型。它的返回值是一个字符串，该字符串说明运算数的类型。

7. 赋值运算符（ = 、+= 、 -= 、 * = 、/= 、%= ）

= 的作用：将运算符右侧的数据赋值给运算符左侧的变量。代码如下：

```
var age = 20; //将右侧的 20 赋值给左侧的变量 age
```

+= 、-= 、 * = 、/= 、%= 其实是一种简写，相关代码如下：

```
var n = 100;
n += 20;   // 相当于 n = n + 20;
console.log(n);
n -= 30;   // 相当于 n = n - 30;
console.log(n);
n * = 3;   // 相当于 n = n * 3;
console.log(n);
n /= 2;    // 相当于 n = n / 2;
console.log(n);
n % = 5;   // 相当于 n = n % 5;
console.log(n);
```

2.3.3 变量与常量

1. 变量命名规则

- 变量名由字母、_、$、数字组成。
- 变量名不能以数字开始。
- 变量名严格区分大小写。
- 建议用小驼峰规则来命名。
- 命名要有含义。
- JavaScript 中的关键字不能作为变量名。
- JavaScript 中的保留字不能作为变量名。

2. 变量的声明与赋值

变量指程序在运行过程中数据能够发生改变的量。变量本质上是一个容器，在程序执行过程中，变量本身不会变化，变化的是变量中存储的数据。变量由变量名、变量值和变量类型组成。语法结构为"var 变量名 = 初始值;"。

var 关键字用于声明变量，后面的"="号与初始值是赋值操作，代码如下：

```
//定义一个变量 age,存储的初始数据为 20
var age = 20;
//定义一个变量 name,存储一个初始的名字
var name = "张三";
```

3. 常量的命名规则

常量的命名规则和变量一样，通常建议使用大写字符表示。

4. 常量的声明与赋值

常量的声明需要使用 const 关键字，语法结构为 "const 常量名 = 初始值;"。

5. 变量与常量的区别

➢ 变量声明之后可以不赋值，而常量声明之后必须赋值。

➢ 变量是变化的量，可以被重新赋值。常量一经定义，在程序运行期间，其值不可以被修改。

2.3.4 表达式

数据与运算符可以组成表达式，表达式是可以求值并解析为值的代码单元，表达式与表达式的组合就组成了语句，语句和语句配合，就组成了程序。JavaScript 中的表达式可以分为几类：算术表达式、字符串表达式、主要表达式、数组和对象初始化器表达式、逻辑表达式、左侧表达式、属性访问表达式、对象创建表达式、函数定义表达式、调用表达式。

算术表达式，取所有计算结果为数字的表达式：

```
1 / 2
i++
i -= 2
i * 2
```

字符串表达式，计算结果为字符串的表达式：

```
'A'+'string'
```

主要表达式，在此类别下的变量、关键字和常量：

```
2
0.02
'something'
true
false
this //the current object
undefined
i //where i is a variable or a constant
```

主要表达式，有一些语言关键字：

```
function
class
function * //the generator function
yield //the generator pauser/resumer
```

```
yield * //delegate to another generator or iterator
async function * //async function expression
await //async function pause/resume/wait for completion
/pattern/i //regex
() // grouping
```

数组和对象初始化器表达式：

```
[] //array literal
{} //object literal
[1,2,3]
{a: 1, b: 2}
{a: {b: 1}}
```

逻辑表达式，使用逻辑运算符并解析为布尔值：

```
a && b
a || b
! a
```

左侧表达式：

```
new //create an instance of a constructor
super //calls the parent constructor
...obj //expression using the spread operator
```

属性访问表达式：

```
object.property //reference a property (or method) of an object
object[property]
object['property']
```

对象创建表达式：

```
new object()
new a(1)
new MyRectangle('name', 2, {a: 4})
```

函数定义表达式：

```
function() {}
function(a, b) { return a * b }
(a, b) => a * b
```

```
a => a * 2
() => { return 2 }
```

调用表达式，调用函数或方法的语法如下：

```
a.x(2)
window.resize()
```

2.3.5 判断语句

所有的编程语言程序都需要做一些执行顺序的控制，JavaScript 也不例外，这里称为流程控制。流程控制是控制代码按照一定的结构顺序来执行。

顺序结构：顺序结构是程序中最简单、最基本的流程控制，它没有特定的语法结构，程序会按照代码的先后顺序依次执行，程序中大多数的代码都是这样执行的。

分支结构：计算机面前有多种可能的情况需要执行，但是计算机只能从众多的可能情况中选择一种情况执行，具体会选择执行哪种可能的情况，需要计算机满足一种前提条件。

1. if 语句

1) if 单分支：可以设定一个条件，只有满足了这个条件才能让更多的语句得到执行，如图 2-29 所示。

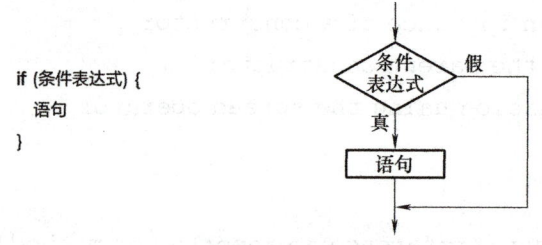

图 2-29　if 单分支

条件必须放在 if 后面的小括号里，条件的结果仅能是 true 或 false。大括号中的语句不管有多少条，都只能在条件结果是 true 的时候执行。{} 不是必需的，如果只有一句，则可以省略 {}，但是希望能规范代码而使用 {}。语法如下：

```
if(条件表达式){
    程序需要选择执行的代码
}
```

2) if 双分支：计算机面临两种选择情况，如果第一种选择对应的条件成立，则执行语句 1，否则执行语句 2，如图 2-30 所示。

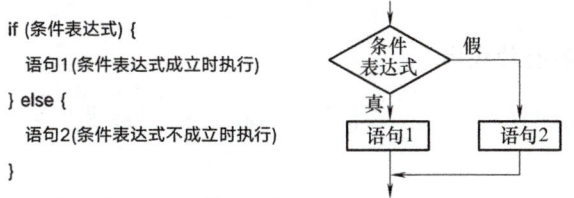

```
if (条件表达式) {
    语句1(条件表达式成立时执行)
} else {
    语句2(条件表达式不成立时执行)
}
```

图 2-30　if 双分支

小括号内的条件表达式的结果是 true，执行 if 中的代码；如果是 false，则执行 else 中的代码。语法如下：

```
if(条件表达式){
    第一种选择执行的代码;
}else{
    第二种选择执行的代码;
}
```

3）if 多分支：计算机面临 3 种以上（含 3 种）的选择时，首先判断条件表达式 1，如果条件表达式 1 成立，则执行语句 1，否则判断条件表达式 2，如果条件表达式 2 成立，则执行语句 2，否则继续判断，直到所有条件表达式都不成立，此时执行最后一个 else 中的代码。这里以 3 分支为例，如图 2-31 所示。

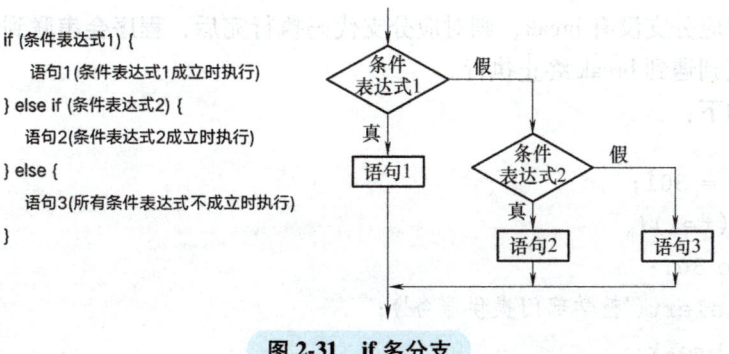

图 2-31　if 多分支

如果在 if 条件表达式不满足时还需要再次分支其他条件，则需要使用多分支，else if 的个数可以根据需要使用任意多个。语法如下：

```
if(条件表达式 1){
    第一种选择执行的代码
}else if(条件表达式 2){
    第二种选择执行的代码
}...{
    第 n-1 种选择执行的代码
```

```
}else{
    第n种选择执行的代码
}
```

2. switch 语句

switch-case：本质上和 if-else if-else 是一致的，适用于多种选择的情况。switch 主要用在针对变量进行一系列的特定值的判断场景中，一般用于判断条件与某个值是否相等的情况，不能用于区间判断。语法如下：

```
switch () {
    // switch-case 中的每一个 case 都是一个分支条件,但是注意每一个 case
    后面跟的条件必须是一个常量表达式(即后面跟的公式返回结果必须是一个永恒不
    变的量)
    case value:
        break;
    default:
        break;
}
```

注意：default 分支是在所有 case 分支都没有匹配上时执行，因此 default 不管放在 switch-case 的开头位置还是最后位置，都不影响其执行顺序。break 关键字的作用是强制结束本次分支执行，如果对应分支没有 break，则对应分支代码执行完后，程序会串联到该分支的下一个分支中执行，直到遇到 break 终止执行。

举例代码如下：

```
var tel = 301;
switch (tel){
    case 301:
        alert('教学部门提供服务');
        break;
    case 302:
        alert('职规部门提供服务');
        break;
    case 303:
        alert('市场部门提供服务');
        break;
    default:
        alert('对不起暂无此部门！');
        break;
}
```

2.3.6 循环语句

循环语句可以反复多次地执行同一段代码，它的工作原理是：只要给定的条件可以满足，包含在循环语句里的代码就将重复地执行下去，一旦给定条件的求值结果不再是 true，循环也就到此为止。

1. while 循环

while 循环适用于不知道循环次数，但是明确知道循环结束条件的情况。注意：for 循环可以被 while 循环替代，但是 while 循环不可以被 for 循环替代。while 循环的语法结构如下：

```
//condition 代表循环的条件
while(condition){
        循环体
}
```

注意：while 循环在替代 for 循环时，一定要保证存在一个变量来记录循环执行的次数，并且每次循环结束时一定保证循环变量递增，否则就会出现死循环。死循环在 99% 的情况下是有害的。示例代码如下：

```
//使用 while 循环输出 1~100 的所有偶数
var i = 1; //循环变量初始化
while (i <= 100){
    if(i % 2 == 0){
        console.log(i);
    }
    //循环变量递增
    i++;
}
```

2. do-while 循环

while 循环有一个弊端，那就是要先判断循环条件，如果循环条件不满足，那么就不会执行循环体。如果循环体需要先执行一次再判断，那么需要使用 do-while。语法结构如下：

```
循环变量初始值;
do {
    循环体;
    循环增量;
}while( 循环条件 )
```

注意：do-while 与 while 循环的区别。do-while 会先执行循环体，再去判断条件是否成立，而 while 循环先判断循环条件是否成立，再决定是否执行循环体。所以，如果循环条件一开始就为假，那么 do-while 也会执行一遍，而 while 循环一次都不执行；如果循环条件一开始成立，那么 do-while 与 while 的执行次数和结果没有区别。

3. for 循环

用 for 循环来控制代码的好处是循环控制结构更加清晰。与循环有关的内容都在 for 后的（ ）里。for 循环结构适用于明确知道循环次数的循环。for 循环的语法格式如下：

```
for(循环变量初始化;循环条件判断;循环变量递增){
    循环体;
}
```

for 循环的执行流程：
1）循环变量初始化。
2）循环条件判断。
3）循环变量递增。
4）执行循环体。
循环执行的流程：1）→ 2）→ 4）→ 3）→ 2）→ 4）→ 3）… → 2）。

for 循环可以将需要重复书写的代码进行缩减，从而有效减少代码的冗余，循环内部再嵌套一个循环。注意，循环嵌套中经常用到双层 for 循环嵌套。在双层 for 循环中，外层循环控制输出的行数，内层循环控制输出的列数。代码如下：

```
//输出电影院所有的座位号码
for(var i = 0; i < 6; i++){
    for(var j = 0; j< 30; j++){
        console.log("第"+(i+1)+"排第"+(j+1)+"号");
    }
}
```

4. forEach 方法

JavaScript 中的 forEach 不属于语法结构，它是一个方法。forEach( )方法用于调用数组的每个元素，并将元素传递给回调函数。注意：forEach( )对于空数组是不会执行回调函数的。

语法结构如下：

array.forEach（callbackFn（currentValue，index，arr），thisValue）

示例代码如下：

```
<button onclick="numbers.forEach(myFunction)">点我
</button>
<p>数组元素总和:<span id="demo"></span></p>
<script>
var sum = 0;
var numbers = [65, 44, 12, 4];
function myFunction(item) {
    sum += item;
    demo.innerHTML = sum;
```

```
}
</script>
```

5. for-in 循环

语法结构如下：

```
for(var i in object){...}
```

for-in 循环一般用于遍历对象的属性。for-in 循环如果用作遍历数组，那么 i 是字符串类型的，不能用于运算；作用于数组的 for-in 循环除了遍历数组元素外，还会遍历自身可枚举属性以及原型链上的可枚举属性。在有些情况下，可能按照随机顺序遍历数组。示例代码如下：

```
var arr = ['a','b','c']
Array.prototype.test=function(){}
arr.name='数组'
for(var i in arr){
  console.log(i);//"0","1","2","name","test"
}
for(var i in arr){
  console.log(arr[i]);//a,b,c,数组,f(){}
}
```

2.3.7 跳转语句

1. continue 关键字

continue 关键字用在循环中，用来结束本次循环。注意，代码执行 continue 之后，continue 后面的代码不会执行，循环直接跳转到循环变量递增之后继续执行后面的循环。

2. break 关键字

break 关键字可结束所在的循环。注意，代码执行 break 以后，不管后面是否还有未完成的循环，循环都不再执行。

它与 continue 的对比代码如下：

```
//输出 1~100 中所有 7 的倍数
for(var i = 0; i < 100; i++){
    if((i+1) % 7 != 0){
        //结束本次循环,循环直接跳转到循环变量递增
        continue;
    }
    console.log(i+1);
}
```

```
//输出 1~100 中第一个 7 的倍数
for(var i = 0; i < 100; i++){
    if((i+1)%7 == 0){
        console.log(i+1);
        //结束 break 当前所处的循环
        break;
    }
}
```

2.3.8 函数定义与调用

1. 函数的定义

函数是完成某个功能的一组语句,它接受 0 个或者多个参数。函数需要先定义再调用。

参数:把不同的数据传给函数,让函数使用这些数据去完成预定的操作(非必须)。

返回:可以把数据用 return 语句返回给调用函数的地方(非必须)。如果一个函数有返回值,那么还可以把函数的调用结果赋值给一个变量。

关于函数还有几点需要说明:

1) 函数是一段封装的可重复调用的代码块,用来完成某个特定功能。
2) 函数可以避免重复书写相同的代码,提高代码的重用性。
3) 函数只有在被调用时才会执行,不调用就不会执行。

函数定义的语法格式如下:

```
function 函数名([参数]) {
    //函数体
    return 返回值;
}
```

function:定义函数的关键字。

函数名:区分大小写,建议使用小驼峰命名法。

参数:可以没有或有多个,无论函数是否有参数,小括号必须要有。

函数体:用大括号括起来的代码块,即函数的主体。

返回值:可选项,没有默认为 undefined。

2. 函数的调用

(1) 直接调用

函数名()

(2) 事件调用

事件="函数名()"

函数的参数往往用来改变函数执行结果或执行行为,函数的参数分为形参与实参。

形参:定义函数时的参数为形参,形参可以没有,也可以有多个,用来接收实参。

实参:调用函数所传的参数为实参,实参可以是变量,也可以是具体的值,实参和形参要一一对应。

函数的返回值：返回值是函数执行完后返回给调用者的结果。如果没有设置返回值，则返回值默认为 undefined。return 语句表示函数的终止，函数体中后面的代码将不再执行。返回值只能有一个，如果想返回多个值，则可以返回一个数组来实现。格式如下：

```
function 函数名() {
    return 返回值
        //这里的语句不会被执行
}
```

3. 函数表达式

IIFE（Immediately Invoked Function Expression）表示立即调用的函数表达式。即函数声明的同时立即调用这个函数。下面是不采用 IIFE 时的函数声明和函数调用：

```
function foo(){
    var a = 10;
    console.log(a);
}
foo();
```

下面是 IIFE 形式的函数调用：

```
(function foo(){
    var a = 10;
    console.log(a);
})();
```

函数声明和 IIFE 的区别在于：在函数声明中，首先看到的是 function 关键字，而 IIFE 首先看到的是左边的"("。也就是说，使用一对"()"将函数的声明括起来，使得 JavaScript 编译器不再认为这是一个函数声明，而是一个 IIFE，即需要立刻执行声明的函数。两者达到的目的是相同的，都是声明了一个函数 foo，并且随后调用函数 foo。

函数表达式 IIFE 的作用：如果只是为了立即执行一个函数，显然 IIFE 所带来的好处有限。实际上 IIFE 的出现是为了弥补 JavaScript 在 scope 方面的缺陷，JavaScript 只有全局作用域（Global Scope）、函数作用域（Function Scope），从 ES6 开始才有块级作用域（Block Scope）。对比现在流行的其他面向对象的语言可以看出，JavaScript 在访问控制方面很薄弱。那么如何实现作用域的隔离呢？在 JavaScript 中，只有 function 才能实现作用域隔离，因此如果要将一段代码中的变量、函数等的定义隔离出来，只能将这段代码封装到一个函数中。

在通常情况下，将代码封装到函数中是为了复用。在 JavaScript 中，声明函数在大多数情况下也是为了复用，但是 JavaScript 迫于作用域控制手段的贫乏，也经常只使用一次函数：这通常是为了隔离作用域。既然只使用一次，那么函数名字可省略掉，立即执行即可。

IIFE 可以带参数，如下面的形式：

```
var a = 2;
(function IIFE(global){
    var a = 3;
    console.log(a); // 3
    console.log(global.a); // 2
})(window);
console.log(a); // 2
```

IIFE 的目的是隔离作用域，防止污染全局命名空间。在 ES6 以后有了更好的访问控制手段（模块/类）。

4. 闭包

闭包（Closure）指能够读取其他函数内部变量的函数。在使用闭包之前，需要先了解两个概念：全局变量与局部变量。

全局变量就是全局作用域中的变量。全局作用域中的变量可以全局使用（函数内外都可以访问）。在最外层函数外部定义的变量为全局变量，在函数内部没有使用 var 声明的直接赋值的变量也为全局变量。全局变量只有在浏览器关闭的时候才会销毁，比较占用内存资源。

局部变量就是局部作用域中的变量。局部作用域中的变量只能在作用域内部使用（函数内部使用）。在函数内部通过 var 定义的变量为局部变量。函数的形参实际上也是局部变量。局部变量在函数执行结束后会被销毁，比较节省内存空间。

了解全局变量与局部变量后，下面研究闭包的作用。首先介绍局部变量和全局变量的缺点：全局变量容易全局污染，局部变量又无法共享，不能长久保存。那么闭包的作用即是既可以共享，长久保存，又不会全局污染，其实是用来保护局部变量的。但是闭包也有缺点，就是占内存。

如何实现一个闭包？如果说要写一个闭包，那么就抓住闭包的 3 个特点：

1）定义外层函数，封装被保护的局部变量。
2）定义内层函数，执行对局部变量（外层函数的）的操作。
3）外层函数返回内层函数的对象，并且外层函数被调用，结果保存在全局变量中。

代码如下：

```
function outer(){
    var n = 1;
    function inner(){
        return n++;
    }
    return inner;
}
var getNum = outer();
```

如何判断是否为闭包？一般看以下 3 点：

1）嵌套函数。

2）内层函数一定操作了外层函数的局部变量。
3）外层函数将内层函数返回到外部，被全局变量保存。
那么闭包如何去判断它的执行结果？
1）外层函数被调用了几次，就有几个受保护的局部变量副本。
2）来自一个闭包的函数被调用几次，受保护的局部变量就变化几次。
例如：

```
function outer(){
    var n = 1;
    function inner(){
        return  n++;
    }
    return inner;
}
var getNum = outer();
//外层函数调用一次,有一个被保护的 n
console.log(getNum());
//0
console.log(getNum());
//1
var getNum2 = outer();
//外层函数被调用两次,有两个互不干扰的 n
console.log(getNum2());
//0
```

5. call( ) 和 apply( )

call( )可以修改函数内部 this 的指向。使用 call( )的时候，参数 1 是修改后的 this 指向，语法如下：

```
函数.call(对象,参数1,参数2,...)
```

示例代码如下：

```
function fn(x, y) {
    console.log(this);
    console.log(x + y);
}
var obj = {
    name:'andy'
};
fn.call(obj, 1, 2);//调用了函数此时的 this 指向了对象 obj
```

apply()和 call()的作用相同，只是传递参数方式不同，语法如下：

```
函数.apply(对象,[参数1,参数2,...])
```

示例代码如下：

```
function fn(x, y) {
    console.log(this);
    console.log(x + y);
}
var obj = {
    name:'andy'
};
fn.apply(obj,[1, 2]); //调用了函数此时的this指向了对象obj
```

2.3.9 类与对象

在讲述类与对象的概念之前，先了解一个更大的概念——面向对象编程。而之前的讲解都是面向过程的编程方式。

<u>面向过程编程</u>（Procedure Oriented Programming，POP）：以事件为中心，分析出解决问题的步骤，然后用函数将这些步骤一步步实现，使用的时候依次调用。

<u>面向对象编程</u>（Object Oriented Programming，OOP）：以事物为中心，万物皆可为对象，由实体引发事件，更贴近现实世界，更易于扩展。

> OOP 达到了软件工程的 3 个目标：重用性、灵活性、扩展性。
> OOP 的三大特性：封装、继承、多态。
> OOP 的核心就是对象。

面向对象编程强调的是数据和操作数据在行为本质上是互相关联的，当然不同的数据有不同的行为，因此好的设计就是把数据以及和它相关的行为打包（或者说封装）。这在正式的计算机科学中也称为数据结构。

1. 类

类是继承描述了一种代码的组织结构形式，是一种在软件中对真实世界中问题领域的建模方法。在典型的 OOP 语言（如 Java）都存在类的概念，类就是对象的抽象化，对象就是类的实例化。

2. 对象

对象是由属性和方法组成的，指的是一个具体的事物，是类的具体实现。

> 属性：事物的特征。
> 方法：事物的行为。

在 ES6 之前，对象并不是基于类创建的（在 ES6 之前 JavaScript 还没有类的概念），而是通过以下 3 种方式来创建的：

（1）使用 new Object()创建

语法：

```
var 对象名称 = new Object( );
对象.属性 = 值;
对象.方法 = function(){};
```

示例：

```
var girl = new Object();
girl.name = "喵";
girl.age = 20;
girl.say = function() {
    // 调用对象的属性和方法,在对象内部通过this调用(this在对象内部表示当前对象)
    console.log("我的名字叫" + this.name + ",年龄" + this.age);
}
// 调用对象的属性和方法,在对象外部通过对象名称调用
girl.say();
```

（2）对象字面量

对象字面量是对象定义的一种简写形式，是简化创建包含大量属性和方法的对象的过程，语法如下：

```
var 对象 = {
    属性:值,
    方法:function(){}
}
```

示例：

```
var girl = {
    name:"喵",
    age:20,
    say: function() {
        console.log("我的名字叫" + this.name + ",今年" + this.age);
    }
}
// 调用对象方法
girl.say();
```

（3）构造函数

使用new Object( )和对象字面量这两种方法时，当在需要创建大量属性和方法相同的对象时，就会有大量重复的代码：

```javascript
var girl01 = {
    name: "喵",
    age: 20,
    say: function() {
        console.log("我的名字叫" + this.name + ",今年" + this.age);
    }
}
var girl02 = {
    name: "喵 2",
    age: 18,
    say: function() {
        console.log("我的名字叫" + this.name + ",今年" + this.age);
    }
}
var girl03 = {
    name: "喵 3",
    age: 28,
    say: function() {
        console.log("我的名字叫" + this.name + ",今年" + this.age);
    }
}
```

使用构造函数的方式，就可以对以上代码进行优化，解决代码冗余的问题，提高代码的重用性。构造函数名建议采用大驼峰命名法。构造函数是一种特殊的函数，可以把对象中公共的属性和方法抽取出来，封装到这个函数里面；然后通过 new 关键字来实例化生成对象，并且可以通过构造函数的参数给对象的属性赋值。语法如下：

```
// 第一步:声明构造函数
function 函数名(参数1,参数2,...) {
    this.属性1 = 参数1;
    this.属性2 = 参数2;
    this.方法 = function() {}
}
// 第二步:实例化对象
var 对象 = new 函数名(实参1,实参2);
```

示例代码：

```
// 声明构造函数
function Girl(name, age) {
```

```
        this.name = name;
        this.age = age;
        this.say = function() {
            console.log("我的名字叫" + this.name + ",今年" + this.age);
        }
    }
    // 实例化对象
    var girl01 = new Girl("喵 1", 20);
    var girl02 = new Girl("喵 2", 18);
    var girl03 = new Girl("喵 3", 28);
    // 调用对象方法
    girl01.say();
    girl02.say();
    girl03.say();
```

3. 封装

平时所用的方法和类都是一种封装,当在项目开发中遇到一段代码在好多地方重复使用的时候,可以把它单独封装成一个功能的方法,这样在需要使用的地方直接调用就可以了。

封装的优势在于定义只可以在类内部对属性进行操作、外部无法对这些属性操作,要想修改,只能通过用户定义的封装方法。

4. 继承

继承是面向对象的三大特性之一。现实中的很多对象具有相似的特征,这时通常将这些共有的属性和方法定义在父对象中,然后子对象通过继承的特性来获取这些属性和方法。JavaScript 继承的实现主要通过以下几种方式。

(1) 原型链继承　在 JavaScript 中万物都是对象,对象和对象之间也有关系,并不是孤立存在的。对象之间的继承关系,在 JavaScript 中是通过 prototype 对象指向父类对象的,直到指向 Object 对象为止,这样就形成了一个原型指向的链条,称为原型链。ECMAScript 中将原型链作为实现继承的主要方法。其基本思想是利用原型让一个对象继承另一个对象的属性和方法。其缺点是需要创建父对象实例。

```
// 人类
function Person() {}
Person.prototype.name = "";
Person.prototype.legs = 2;
Person.prototype.mouse = 1;

Person.prototype.walk = function() {
    console.log(this.name + "有" + this.legs + "条腿,我会走路")
}
```

```javascript
// 中国人
function Chinese(name) {
    this.name = name;
}
// 继承父对象
Chinese.prototype = new Person();
// 原型对象的构造方法指向当前构造方法
Chinese.prototype.constructor = Chinese;

// 实例化对象
var chinese = new Chinese('张三');
// 调用对象方法
chinese.walk();
```

上述代码显得有些烦琐,可改进一下直接继承原型对象。代码如下:

```javascript
// 人类
function Person() {}
Person.prototype.name = "";
Person.prototype.legs = 2;
Person.prototype.mouse = 1;

Person.prototype.walk = function() {
    console.log(this.name + "有" + this.legs + "条腿,我会走路")
}

// 中国人
function Chinese(name) {
    this.name = name;
}
// 直接继承父级的原型对象
Chinese.prototype = Person.prototype;
// 原型对象的构造方法指向当前构造方法
Chinese.prototype.constructor = Chinese;

// 实例化对象
var chinese = new Chinese('张三');
// 调用对象方法
chinese.walk();
```

(2) 构造函数继承　构造函数继承的核心思想是：通过 call( ) 或 apply( ) 方法在子构造函数的内部调用父构造函数，从而获取到父对象中的属性和方法。代码如下：

```javascript
// 人类
function Person(name) {
    this.legs = 2;
    this.mouse = 1;
    this.name = name;
    this.walk = function() {
        console.log(this.name + "有" + this.legs + "条腿,我会走路");
    }
}

// 中国人
function Chinese(name) {
    Person.call(this, name);
}

// 实例化对象
var chinese = new Chinese('张三');
// 调用对象方法
chinese.walk();
```

(3) 组合继承　由于原型链继承只能继承原型对象中的属性和方法，而构造函数继承又仅能继承实例对象中的属性和方法，于是便有了组合继承。组合继承也称伪经典继承，其核心思想是：

将原型链继承和构造函数继承组合在一块；原型链实现对原型对象属性和方法的继承；构造函数实现对实例对象和方法属性的继承。

代码如下：

```javascript
// 人类
function Person(name) {
    this.legs = 2;
    this.mouse = 1;
    this.name = name;
    this.walk = function() {
        console.log(this.name + "有" + this.legs + "条腿,我会走路");
    }
}
```

```
Person.prototype.say = function() {
    console.log("我的名字叫" + this.name);
}

// 中国人
function Chinese(name) {
    Person.call(this, name);
}
Chinese.prototype = new Person();
Chinese.prototype.constructor = Chinese;

// 实例化对象
var chinese = new Chinese('张三');
// 调用对象方法
chinese.walk();
chinese.say();
```

5. 多态

实现多态的方法有重载与重写。多态实现了方法的个性化,不同的子类根据具体状况可以实现不同的方法。只有父类定义的方法不够灵活,遇见特殊状况就捉襟见肘了。

重载:方法名相同,形参个数或类型不一样。JavaScript 中不存在真正意义上的重载,JavaScript 中的重载指的是同一个方法,根据传递参数不同实现不同的效果。

代码如下:

```
function sum(x,y,z){
    // arguments
    if(typeof z === "undefined"){
        return;
    }
}
sum(1,2);
sum(1,2,3)
```

重写:在类的继承中,子类可以重写父类中的方法。
代码如下:

```
function sum(a,b){
    return a+b
}
console.log(sum)
```

```
console.log(sum(1,2))
function sum(a,b,c){
    a+b+c
}
console.log(sum)
console.log(sum(1,2,3))
```

2.3.10　DOM 编程

什么是 DOM？简单来说，就是一套对文档内容进行抽象和概念化的方法。DOM 中的 D 即是 Document。当创建一个网页并且把它加载到 Web 浏览器中时，DOM 就在幕后悄然而生，它把用户编写的网页文档转换成一个文档对象。DOM 中的 O 即是对象的含义。DOM 中的 M 是模型，可把模型看成一种有结构的体系，这里表示成一棵树，在这棵树中用 parent、child、sibling 来表示关系。见如下代码：

```
<!DOCTYPE html>
<html lang="en">
<head>
    <meta charset="UTF-8">
    <meta name="viewport" content="width=device-width, initial-scale=1.0">
    <title>Shopping list</title>
</head>
<body>
    <h1>What to buy</h1>
    <p title="a gentle reminder">Donot forget to buy this stuff.</p>
    <ul id="purchases">
        <li>A tin of beans</li>
        <li class="sale">Cheese</li>
        <li class="sale important">Milk</li>
    </ul>
</body>
</html>
```

该文档的模型如图 2-32 所示。

如果用图 2-32 所示的关系来描述其中所有成员的关系，那么文档模型就描述出来了，更专业的术语是节点树。

文档是由节点构成的。节点类型包括元素节点、文本节点、属性节点、文档节点、注释节点。

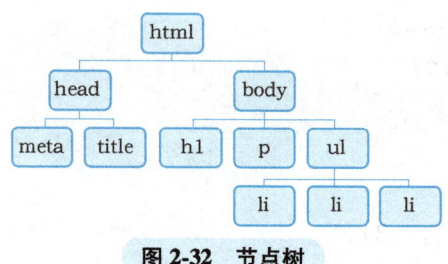

图 2-32 节点树

1. 查询元素

有 3 种方法可以查询元素节点：通过 ID、通过标签名字、通过 class。这些查询方式都需要通过 JavaScript 的函数来获取元素。

2. 获取元素

getElementById(id)：根据 id 获取元素节点，返回一个节点对象。

getElementsByTagName(tag)：根据标签名字获取一组元素节点，返回一个节点对象集合。

getElementByTagName("*")：参数可以是通配符*，表示获取当前文档的所有元素节点。

getElementsByClassName（class）：根据类名获取一组元素节点，返回一个节点对象集合。另外，还可以找到多个类名的元素。类名顺序不重要，也可以包含其他类名。

querySelector()：根据选择器获取第一个元素。

  document.querySelector（".类名"）　　//需要前面的点

  document.querySelector（"#id"）　　//需要前面的#

  document.querySelector（"标签名"）

querySelectorAll()：根据选择器获取所有元素。

  document.querySelectorAll（".类名"）

  document.querySelectorAll（"标签名"）

可以直接获取的元素如下：

  获取 body 元素：document.body。

  获取 html 元素：document.documentElement。

  获取 head 元素：document.head。

  获取 title 元素：document.title。

3. 创建元素

创建节点对象：document.createElement（"标签名称"）。

添加节点对象：父节点对象.appendChild（子节点）、父节点对象.insertBefore（新子节点，子节点）。

克隆节点对象：节点对象.cloneNode（），如果参数不写或为 false，则为浅拷贝。浅拷贝即只复制节点本身，不复制子节点。如果参数为 true，则为深拷贝。深拷贝即会复制节点本身及所有子节点。如果用"="赋值的方式，则只是赋值了一个节点对象的引用，而内存中还是同一个对象。

4. 删除元素

如下：父节点对象.removeChild（子节点对象）。

5. 属性节点和文本节点

属性节点：属性节点会对元素节点做出更加具体的描述。例如，很多元素节点都有 title 这个属性，这个属性就是属性节点。由于属性也是定义在开始标签中的，所以属性节点也包含在元素节点中。并非所有的元素都包含属性，但所有的属性都被元素包含。

文本节点：标签中的文本信息就是文本节点，通常会被包含在元素节点中，但不是所有的元素节点中都有文本节点。

6. 定时器

在项目中难免会遇到需要实时刷新、动画依次出现等的需求，这时候就需要定时器。JavaScript 定时器有两种：
- setInterval：周期性执行计时器（执行多次）。
- setTimeout：定时执行计时器（只执行一次）。

2.3.11 BOM 编程

1. window 对象

window 对象表示浏览器窗口，是 BOM 模型中的顶层对象，因此所有 BOM 模型中的对象都是该对象的子对象。所有 JavaScript 全局对象、函数以及变量均自动成为 window 对象的成员，全局变量是 window 对象的属性，全局函数是 window 对象的方法。window 对象调用属性、方法时可以省去 window 直接调用。window 方法及说明见表 2-3。

表 2-3 window 方法及说明

方　　法	说　　明
alert("信息内容")	弹出一个警告框
confirm("信息内容")	弹出一个确认对话框，返回 true/false
prompt("信息内容",["默认输入内容"])	弹出一个提示对话框，返回输入内容

2. location 对象

location 对象用于获得当前页面的地址（URL），或把浏览器重定向到新的页面，它的属性及说明见表 2-4。

表 2-4 location 属性及说明

属　　性	说　　明
pathname	返回当前页面的路径和文件名
href	返回当前页面的 URL
hostname	返回域名
port	返回端口
protocol	返回协议
search	返回传值部分

它的方法及说明见表 2-5。

表 2-5　location 方法及说明

方　法	说　明
reload（［true｜false］）	从服务重新加载页面，true 为绕过缓存，默认为 false
replace（"url"）	跳转到新页面

3. screen 对象

所有的浏览器都支持 screen 对象，获得客户端显示屏幕的信息。它的属性及说明见表 2-6。

表 2-6　screen 属性及说明

属　性	说　明
height	返回屏幕的总高度（以像素记）
width	返回屏幕的总宽度（以像素记）
availHeight	返回屏幕的总高度（不包括任务栏）
availWidth	返回屏幕的总宽度（不包括任务栏）
pixelDepth	返回屏幕的颜色分辨率（每像素的位数）

4. history 对象

history 对象是 JavaScript 中的一种默认对象，该对象用来存储客户端浏览器窗口最近浏览过的历史网址。通过 history 对象的方法，可以完成类似于浏览器窗口中的前进、后退等按钮的功能。history 对象一般在实际开发中比较少用，但是可能会在一些管理系统中使用。history 对象的属性与方法及说明见表 2-7 和表 2-8。

表 2-7　history 属性及说明

属　性	说　明
length	浏览器窗口中历史列表的网页个数

表 2-8　history 方法及说明

方　法	说　明
go（num｜url）	该方法可以直接跳转到某一个已经访问过的 URL。该方法中可以包含两种参数：一种参数是要访问的 URL 在历史列表中的相对位置；另一种参数是要访问的 URL 的子串
forward（）	该方法可以前进到下一个访问过的 URL，等价于 go（1）
back（）	该方法可以返回到上一个访问过的 URL，等价于 go（-1）

2.3.12　ES6

1. 简介

ES6 是 JavaScript 语言标准的简称，每年 6 月发布一次标准。ECMAScript 是 JavaScript 语言的国际标准，JavaScript 是 ECMAScript 的具体实现。ECMAScript6（ES6）是 2015 年 6 月发布的。

2. 解构

（1）数组形式的解构赋值　ES6 允许按照一定的模式从数组和对象中提取值，然后对变量进行赋值。例如：

```
let a=1;
let b=2;
let c=3;
```

在 ES6 中可以改写为：

```
let[a,b,c]=[1,2,3];
```

本质上，这种写法属于模式匹配，并且只要右边的值是可遍历对象就可以赋值。

（2）对象的解构赋值

```
let{foo,bar}={foo:'aaa',bar:'bbb'};
foo //aaa
bar //bbb
```

数组依靠顺序赋值，而对象的属性没有顺序，变量必须与属性名同名才可以取值。若变量名与属性名不一样，就要写成如下：

```
var{foo:baz}={foo:'aaa',bar:'bbb'}
```

对象解构的内部机制是先找到同名属性，再赋值给对应的变量。真正被赋值的是后者，而不是前者。示例代码如下：

```
let{foo:baz}={foo:'aaa',bar:'bbb'};
baz //'aaa'
foo //error:foo is not defined
```

上面的代码中，foo 是匹配的模式，baz 才是变量。真正被赋值的是变量 baz，而不是模式 foo。

（3）字符串的解构赋值

```
const[a,b,c,d,e]='hello';
a//h
b//e
c//l
d//l
e//o
```

（4）数值和布尔值的解构赋值　解构赋值时，如果等号右边是数值和布尔值，则会先转换为对象。示例代码如下：

```
let{toString:s}=123;
s===Number.prototype.toString//true
```

```
let{toString:s}=true;
s===Boolean.prototype.toString//true
```

上面的代码中,数值和布尔值的包装对象都有 toString 属性,因此变量 s 都能取到值。解构赋值的规则是:只要等号右边的值不是对象或数组,就先将其转换为对象。由于 undefined 和 null 无法转为对象,所以对它们进行解构赋值会出错。

(5) 函数参数的解构赋值

```
function add([x,y]){
    return x+y;
}
add([1,2]);//3
```

注意:解构问题对于程序员来说书写很方便,但是对于解析器,解析代码不方便,解析器只有解析到该代码时才能判定是否为解构操作。对于( )的使用会改变解析顺序,可能会导致解析混乱,所以建议尽量不使用( )。

3. 扩展

let 关键字是 ES6 新增的扩展关键字,除此之外还介绍其他一些扩展关键字。

(1) let 关键字

let 关键字是 ES6 新增的,用于声明变量。与 var 不同的是,let 声明的变量的作用域只在当前代码块。

```
{
    let a=10;
    var b=1;
}
```

let 用在 for 循环中比较适合,示例代码如下:

```
var a=[];
for(var i=0;i<10;i++){
 a[i]=function(){
    console.log(i);
 };
}
a[6]();//10
```

上例中的 i 是全局变量,所以在赋值时所有的 a[i] 元素都指向循环过后的结果 10。

```
var a=[];
for(let i=0;i<10;i++){
 a[i]=function(){
```

```
    console.log(i);
  };
}
a[6]();//6
```

另外，还需要注意，for( )条件内的变量与 { } 循环体内的变量不在同一个作用域中。for( )条件内的变量在父作用域，{ } 循环体内的作用域在单独的子作用域中。完整示例代码如下：

```
<!DOCTYPE html>
<html lang="en">

<head>
    <meta charset="UTF-8">
    <meta name="viewport" content="width=device-width, initial-scale=1.0">
    <meta http-equiv="X-UA-Compatible" content="ie=edge">
    <title>Document</title>
</head>

<body>
    <script>
      {
          var a = [];
          for (var i = 0; i < 10; i++) {
              a[i] = function () {
                  console.log(i);
              }
          }
          a[6](); // 10
      }

      // ES6：i是块级作用域，在不同的块中访问的i值是不同的
      {
          var a = [];
          for (let i = 0; i < 10; i++) {
              a[i] = function () {
                  console.log(i);
              }
```

```
            }
            a[0](); // 0
            a[1](); // 1
            a[8](); // 8
        }
    </script>
</body>

</html>
```

(2) const 关键字

const 声明的是一个只读的常量，一旦声明，常量的值就不能改变。const 的作用域与 let 的作用域相同，只在声明的块级作用域中有效。

4. set 和 map

(1) set

set 是新增的数据结构，是一种构造函数，类似于数组，里面的元素都是唯一的、不重复的，可以称为集合。

```
//定义
let set = new Set([1,2,3,3,2,5]);
//输出{1,2,3,5}
```

在使用 set 时，不能单个访问，只能整体遍历。对 set 的操作有：
➢ 添加元素：set. add（6）。
➢ 获取元素个数：set. size。
➢ 删除元素：set. delete（3）。
➢ 是否存在某元素：set. has（5）。
➢ 清空：set. clear( )。

(2) map

map 是 JavaScript 中的数据结构，它允许存储 [键,值]，其中的任何值都可以用作键或值。map 集合中的键和值可以是任何类型，并且如果使用集合中已存在的键将值添加到 map 集合中，那么新值将替换旧值。对 map 的操作有：

map( )：返回一个新数组，数组中的元素是原始数组调用函数处理后的值。

map. has( )：该方法主要用来检查 map 中是否存在具有指定键的元素。

map. set( )：为 map 对象添加一个指定键（Key）和值（Value）的新元素。

map. get(key)：用来获取一个 map 对象指定的元素，返回的是键所对应的值。如果不存在，则返回 undefined。

5. proxy

proxy 是 JavaScript 中的原生对象，用来创建一个对象的代理，可以实现基本操作的拦截和自定义。语法为：

```
const p = new Proxy(target, handler)
```

其中，target 是要代理的对象。handler 中定义了基本操作的逻辑，一些操作如下：
1) handler.has：对 in 操作符的拦截。

```
var obj = {
    count: 1,
};

var p = new Proxy(obj, {
    has: function(target, prop) {
        var res = Reflect.has(target, prop);
        console.log('Proxy.has', prop, target === obj);
        return res;
    },
});

'count' in p;

var subP = Object.create(p);
'count' in subP;

Reflect.has(p, 'count');

with(p) {
    (count);
}
```

2) handler.get：对属性读取操作的拦截。

```
var obj = {
    count: 1,
};

var p = new Proxy(obj, {
    get: function (target, property, receiver) {
        if (property == 'count') {
            var res = Reflect.get(target, property, receiver);
            console.log('Proxy.get', target, property, receiver);
```

```
            return res;
        }

        return Reflect.get(target, property, receiver);
    },
});

p.count;
p['count'];
Reflect.get(p, 'count');

var subP = Object.create(p);
subP['count'];
```

3) handler.set:对属性设置操作的拦截。

```
var obj = {
    count: 1,
};

var p = new Proxy(obj, {
    set: function (target, property, value, receiver)
    {
        if (property == 'count') {
            console.log('Proxy.set', target, property, value, receiver);
            var res = Reflect.set(target, property, value, receiver);
            return res;
        }

        return Reflect.set(target, property, receiver);
    },
});

p.count = 2;
p['count'] = 3;
Reflect.set(p, 'count', 4);

var subP = Object.create(p);
subP['count'] = 5;
subP['count'] = 6;
```

比较特殊的是 subP ['count'] =6 无输出。对一个普通对象 subP 的未定义属性 count 赋值时，会执行到原型链上的 proxy 的 set 拦截器，同时，subP 会有一个新增的属性 count。第二次向 subP 赋值时，由于已经存在属性 count，因此就不会访问到原型链上的 proxy，也就不会执行 proxy 中的 set 逻辑。

4）handler.apply：对函数调用的拦截。

```
function fn() { }

var pfn = new Proxy(fn, {
    apply: function (target, thisArg, argumentsList) {
        console.log('Proxy.apply', target, thisArg, argumentsList);
        var res = Reflect.apply(target, thisArg, argumentsList);
        return res;
    },
});

pfn(1);
pfn.apply({}, [2]);
pfn.call({}, 3);
```

执行"pfn.apply（{ }，[2]）;"时，会先执行操作获取 apply（）函数，所以 proxy 上的 get 拦截器会先执行。

5）handler.deleteProperty：对 delete 操作的拦截。

6）handler.construct：对 new 操作的拦截。

vue3 的响应性就是基于 Proxy 实现的，vue3 响应性的特点是：当一个值被读取时进行追踪，当某个值改变时进行检测，重新运行代码来读取原始值。

6. reflect

reflect 是一个内置的对象，它提供拦截 JavaScript 操作的方法，是 ES6 为了操作对象而提供的新 API。reflect 不是一个函数对象，因此它是不可构造的。reflect 的所有属性和方法都是静态的。它的意义在于：

1）现阶段某些方法同时在 object 和 reflect 对象上部署，未来的新方法将只部署在 reflect 对象上。

2）修改某些 Object 方法的返回结果，让其变得更规范。如 Object.defineProperty（obj，name，desc）会在无法定义属性时抛出一个错误，而 Reflect.defineProperty（obj，name，desc）则会返回 false。

3）让 object 操作变成函数行为。

4）reflect 对象的方法与 proxy 对象的方法一一对应，只要是 proxy 对象的方法，就能在 reflect 对象上找到对应的方法。

7. promise

一个 promise 对象可以理解为一次将要执行的操作（常被用于异步操作），使用了 promise 对象之后，可以用一种链式调用的方式来组织代码，让代码更加直观。

Promise 对象有 3 种状态：
- Fulfilled：成功的状态。
- Rejected：失败的状态。
- Pending：既不是 Fulfilld 状态，也不是 Rejected 的状态，为 promise 对象实例创建时的初始状态。

在 promise 对象中有两个重要方法：resolve()和 reject()。
- resolve()方法可以使 promise 对象的状态改变为成功，同时传递一个参数用于后续成功后的操作。
- reject()方法则是将 promise 对象的状态改变为失败，同时将错误的信息传递到后续错误处理的操作。

8. async 关键字和 await 关键字

async 关键字代表后面的函数中有异步操作，与 await 关键字结合使用。await 表示等待一个异步方法执行完成，await 等待的对象是 promise，返回 resolve 参数。示例代码如下：

```
function fun1() {
    return new promise(function (resolve, reject) {
        console.log('fun1 即将得到结果');
        setTimeout(() => {
            //把 result1 传给 fun2
            let result1 = 8
            resolve(result1)
        }, 3000)
    })
}
function fun2(data) {
    return new promise(function (resolve, reject) {
        console.log('开始执行 fun2')
        setTimeout(() => {
            //接收 result1,并打印
            console.log(data);
            //把 result2 传给 fun3
            let result2 = 8
            resolve(result2)
        }, 3000)
    })
}
function fun3(data) {
    //接收 result2,并打印
    console.log(data);
}
```

```
async function task(){
    let result1 = await fun1();
    let result2 = await fun2(result1);
    fun3(result2)
    console.log(1);
}
task();
console.log('end');
for(var i = 0; i < 1000000000000000000000000000; i++){
    console.log('end');
}
```

9. class

class 是 ES6 的新特性，用于实现面向对象的编程。

创建一个类：

```
class myClass{
    //构造器,默认为空的构造器
    //当 class 使用 new 关键字被创建时就会调用构造器
    //相当于 function
    //function myClass(name,age){
    // this.name=name
    // this.age=age
    //}
    constructor(name,age){
        //这些都是实例属性
        //只有实例才能访问
        this.name=name
        this.age=age
    }
}
```

创建类实例对象：

```
var i=new myClass('小明',18)
```

10. module

以往的前端开发中有两个痛点：

1) 全局变量的冲突。
2) 文件的依赖关系。

为了解决这个问题，ES6 之后引入了模块的概念，一个 .js 文件作为一个模块，完成一个功能要引入多个文件。使用模块化开发需要以下两个步骤。

1）定义 export 暴露模块：

```
export function a(){}
    export const b = 123
    export default function(){

    }
    export default {
        a: 1,
        b: 2,
        c: 3
    }
```

2）引入模块。

```
// a 为引入模块接口的本地变量
import a from './util'
```

任务实施

1. 录入学生成绩并统计

需求说明：循环录入 JavaScript 课的学生成绩，统计分数大于或等于 80 分的学生。如果成绩为负数，则提示并不再继续统计。具体效果如图 2-33 所示。

2. 简易计算机制作

需求说明：请使用 for 循环、switch 多分支语句和函数等知识完成下面的简易计算器的制作，如图 2-34 所示。

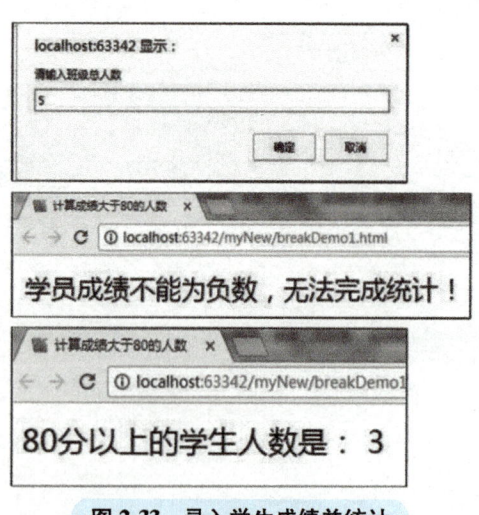

图 2-33　录入学生成绩并统计

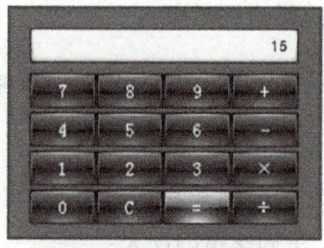

图 2-34　简易计算器

3. 选择颜色游戏

如图 2-35 所示，根据图中大字的颜色在规定时间内选择下面正确的对应颜色，如果错误，则不得分；如果正确，则得一分。

4. 实现一个留言板

思路：

1）单击"发表"按钮获取输入框的值，通过 DOM 的创建元素创建所需要的标签，插入对应位置。注意，每条留言的按钮创建完毕之后，要为其绑定单击事件。

2）单击"删除"按钮，可以通过 this 及节点之间的关系找到需要删除的元素，通过 DOM 的删除节点将其删除即可。

3）动画效果可以通过 setInterval 模拟。

4）序号可以通过获取动态的元素数组实现，每次都要重新遍历，重新赋值序号。

图 2-35 选择颜色游戏

 练习与思考

代码题

1. 写出下列代码的运行结果并阐述理由。

```
var a = (10 * 3 - 4 / 2 + 1) % 2,
    b = 3;
b %= a + 3;
console.log(a++);
console.log(--b);
```

2. 用户输入一个整数，判断这个数是否在 100~200 之间。

3. 输入年份，用弹窗判断输入年份是不是闰年。

4. 输入 3 个商品的价格，3 个商品中有一个超过 50 元，或者总价超过 100 元，即可打八五折，否则不打折，用弹窗给出最后价格。

5. 让用户输入税前工资，假如工资超过 1000 元的部分需要缴纳个人所得税（为超出 1000 元部分的 5%），用弹窗输出税后工资。

6. 让用户输入 4 位会员卡号，如果会员卡 4 位数求和的结果大于 20，则返利 50 元，否则不返利，并用弹窗给用户提醒结果。

7. 让用户输入一个数，使用弹窗判断该数是奇数还是偶数。

8. 输入 3 个数，求 3 个数中的中间值，可分别用 if 循环和三目运算符做一遍。

9. 输入一个数，判断符号。如果大于 0，则输出"正数"；如果小于 0，则输出"负数"；如果等于 0，则输出"0"。

10. 编程判断 3 人中谁的年龄最大，并打印最大者的年龄。

11. 铁路托运行李规定：行李重不超过 50kg 的，托运费按 0.15 元/kg 计算；如果超过 50kg，则超出部分每千克加收 0.1 元。编程实现上述功能。

12. 有一个函数：$x<1$ 的时候，$y=x$；$1\leq x<10$ 的时候，$y=2x-1$；$x\geq 10$ 的时候，$y=3x-11$。写一段程序，输入 x，输出 y 值。

模块3 认识Vue框架

模块导读

Vue 是一套用于构建用户界面的渐进式框架。与其他大型框架不同的是，Vue 被设计为可以自底向上逐层应用。Vue 的核心库只关注视图层，不仅易于上手，还便于与第三方库或既有项目整合。另外，当与现代化的工具链以及各种类库结合使用时，Vue 也完全能够为复杂的单页应用提供驱动。本模块的思维导图如下：

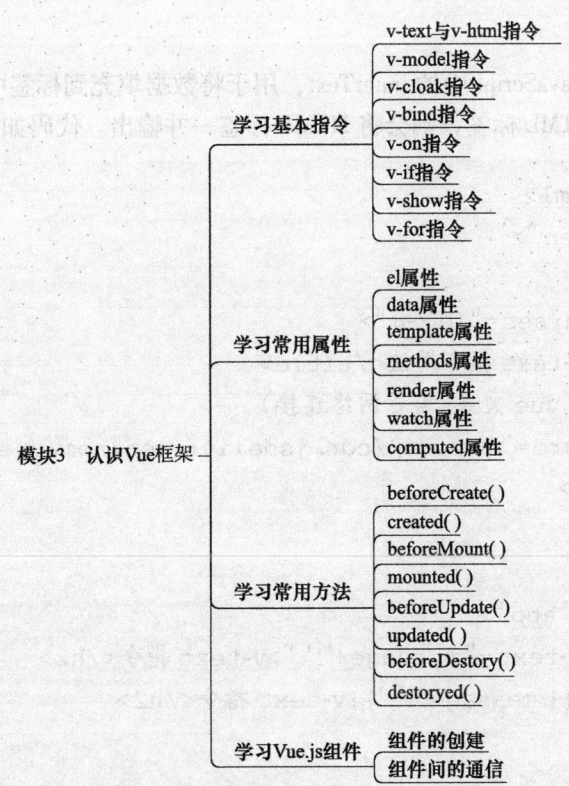

任务3.1 学习基本指令

  任务目标

1. 能够理解 Vue 指令的工作原理。
2. 能够在不同的业务场景下准确地选用对应的指令完成功能。
3. 能够掌握多种指令使用的细节问题。

  任务描述

Vue.js 的指令是以 v-开头的,它们作用于 HTML 元素。指令提供了一些特殊的特性,将指令绑定在元素上时,指令会为绑定的目标元素添加一些特殊的行为。可以将指令看作特殊的 HTML 特性(Attribute)。指令的作用是当表达式的值改变时,相应地将某些行为应用到 DOM 上。

任务分析

掌握 Vue 的常用指令,可以熟练地完成数据的显示与隐藏,以及数据的双向绑定、事件的绑定与触发、数据的遍历展示等。

3.1.1 v-text 与 v-html 指令

1. v-text 指令

v-text 指令相当于 JavaScript 中的 innerText,用于将数据填充到标签中,作用与插值表达式类似。如果数据中有 HTML 标签,则会将 HTML 标签一并输出。代码如下:

```html
<!DOCTYPE html>
<html lang="en">
<head>
    <meta charset="UTF-8">
    <title>v-text 指令用法</title>
    <!-- 引用 vue 文件(需要网络连接) -->
    <script src="https://cdn.jsdelivr.net/npm/vue/dist/vue.js">
    </script>
</head>
<body>
    <div id="app">
        <h2 v-text="message+'!'">v-text 指令</h2>
        <h2>{{ message +'!'}}v-text 指令</h2>
    </div>
    <script>
        var vm = new Vue({
```

```
            el:"#app",
            data:{
                message:"你好"
            }
        });
    </script>
</body>
</html>
```

运行效果如图 3-1 所示。

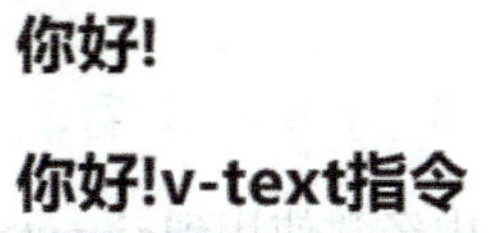

注意：此处为单向绑定，当数据对象上的值改变，插值会发生变化；但是当插值发生变化时，并不会影响数据对象的值。

2. v-html 指令

图 3-1　v-text 指令的运行效果

v-html 相当于 JavaScript 中的 innerHTML。v-html 的用法和 v-text 相似，但是它可以将 HTML 片段填充到标签中。考虑到安全问题，一般只在可信任内容上使用 v-html，但不会用在用户提交的内容上。

v-html 与 v-text 区别在于：v-text 输出的是纯文本，浏览器不会对其再进行 HTML 解析，但 v-html 会将其当作 HTML 标签解析后输出。代码如下：

```
<!DOCTYPE html>
<html lang="en">
<head>
    <meta charset="UTF-8">
    <title>v-html 指令用法</title>
    <!-- 引用 vue 文件(需要网络连接) -->
    <script src="https://cdn.jsdelivr.net/npm/vue/dist/vue.js">
    </script>
</head>
<body>
    <div id="app">
        <h2 v-html="content"></h2>
    </div>
    <script>
        var app = new Vue({
            el:"#app",
            data: {
                content:"<a href='https://www.baidu.com'>百度一下</a>",
            }
```

```
    })
</script>
</body>
</html>
```

运行效果如图 3-2 所示。

百度一下

图 3-2　v-html 指令的运行效果

3.1.2　v-model 指令

Vue 中经常使用到<input>和<textarea>这类表单元素。Vue 使用 v-model 实现这些标签数据的双向绑定,它会根据控件类型自动选取正确的方法来更新元素。

v-model 本质上是一个语法糖。代码<input v-model="test">是<input：value="test" @input="test = $event.target.value">的简写形式。其中,@input 是对<input>输入事件的一个监听,"：value="test""是将监听事件中的数据放入 input。

下面的代码是 v-model 的一个简单例子。需要强调一点,v-model 不仅可以给 input 赋值,还可以获取 input 中的数据,而且数据的获取是实时的。代码如下:

```
<!DOCTYPE html>
<html lang="en">
<head>
    <meta charset="UTF-8">
    <title>v-model 指令用法</title>
    <!-- 引用 vue 文件(需要网络连接) -->
    <script src="https://cdn.jsdelivr.net/npm/vue/dist/vue.js">
    </script>
</head>
<body>
    <div id="app">
        <input v-model="test">
        <p>{{test}}</p>
    </div>
    <script>
        new Vue({
            el:'#app',
            data:{
                test:'v-model 指令'
            }
```

```
        });
    </script>
</body>
</html>
```

运行效果如图 3-3 所示。

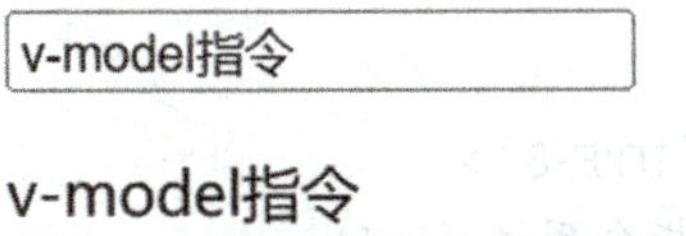

v-model指令

v-model指令

图 3-3　v-mode 指令的运行结果

3.1.3　v-cloak 指令

v-cloak 指令的作用和用法可用 v-text 替换，但是应注意区别。

v-cloak 指令是保持在元素上进行的操作，直到关联实例结束编译。和 CSS 规则（如 [v-cloak]:{display:none}）一起使用时，这个指令可以隐藏未编译的 Mustache 标签，直到实例准备完毕。

HTML 绑定 Vue 实例，在页面加载时会闪烁，然后才会出现"hello Vue"字样。为了效果更明显，可以延后加载 Vue 实例。代码如下：

```
<body>
    <div id="app">
        {{msg}}
    </div>
    <script>
        // 开启定时器,2s 后再将msg 中的数据渲染到页面上。观察页面闪烁效果
        setTimeout(() => {
            new Vue({
                el:'#app',
                data: {
                    msg:'hello vue'
                }
            })
        }, 2000)
    </script>
</body>
</html>
```

执行上面的代码，可以观察到图 3-4 所示的闪烁效果。

{{msg}}

图 3-4　v-cloak 指令的运行结果

在 CSS 中加上如［v-cloak］{display：none；}，在 HTML 中的加载点加上 v-cloak 属性，可以解决这一问题。代码如下：

```html
<! DOCTYPE html>
<html lang="en">
<head>
    <meta charset="UTF-8">
    <title>v-cloak 指令用法</title>
    <!-- 引用 vue 文件(需要网络连接) -->
    <script src="https://cdn.jsdelivr.net/npm/vue/dist/vue.js">
    </script>
    <style>
        /* 在 CSS 中设置具有 v-cloak 属性的元素不显示 */
        [v-cloak] {
            display: none;
        }
    </style>
</head>
<body>
    <!-- 搭配 CSS 样式,解决渲染闪烁问题 -->
    <div id="app" v-cloak>
        {{msg}}
    </div>
    <script>
        // 开启定时器,2s 后再将 msg 中的数据渲染到页面上。观察页面闪烁效果
        setTimeout(() => {
            new Vue({
                el:'#app',
                data: {
                    msg:'hello vue'
                }
            })
        }, 2000)
    </script>
</body>
</html>
```

执行上面的代码,可以观察到效果,已解决渲染闪烁问题。

3.1.4　v-bind 指令

v-bind 指令用于将 Vue 实例对象中的数据和容器元素属性进行绑定。
示例代码如下：

```html
<!DOCTYPE html>
<html lang="en">
<head>
    <meta charset="UTF-8">
    <title>v-bind 指令</title>
    <!-- 引用 vue 文件(需要网络连接) -->
    <script src="https://cdn.jsdelivr.net/npm/vue/dist/vue.js">
    </script>
    <style>
        .a-btn{
            color: red;
            font-size: 20px;
            text-decoration: none;
        }
    </style>
</head>
<body>
    <div class="app">
        <!-- 将 vue 实例中的数据绑定到容器元素的属性中 -->
        <a v-bind:href="url" v-bind:class="kclass">单击跳转到百度</a>
        <br>
        <img v-bind:src="imgsrc">
    </div>
    <script>
        var app = new Vue({
            el:'.app',
            data: {
                url:"https://www.baidu.com",
                imgsrc:"https://cn.vuejs.org/images/logo.png",
                kclass:"a-btn"
            }
        })
    </script>
</body>
</html>
```

以上代码中，使用 v-bind 绑定了<a>标签的 href 属性。当<a>标签被单击时，会根据 Vue 实例中对应的 URL 数据跳转到 https://www.baidu.com。同时还给<a>标签的 class 属性绑定了 Vue 实例中 kclass 的数据。所以，在样式代码中设置文字颜色、大小、取消下划线 3 个样式，将会对<a>标签中的文字进行修饰。

以上代码中还使用 v-bind 绑定了<img>标签的 src 属性，属性值为 Vue 实例中的数据，该数据为官网的 logo 图标。

运行效果如图 3-5 所示。

由于属性绑定的操作应用场景广泛，使用频繁，所以提供了 v-bind 简写形式。通常将v-bind：属性名=" "的格式简写成：属性名=" "。

图 3-5　v-bind 指令的运行效果

上面的案例代码容器元素绑定属性的过程可修改为如下代码：

```
<div class="app">
    <!-- 将 v-bind:属性名=" " 简写为:属性名=" " -->
    <a :href="url" :class="kclass">单击跳转到百度</a>
    <br>
    <img :src="imgsrc">
</div>
```

3.1.5　v-on 指令

v-on 命令是用于绑定事件的。

例如，在如下绑定事件基础示例中，在容器中有个按钮，单击时会执行一些事件操作。

```
<!DOCTYPE html>
<html lang="en">
<head>
    <meta charset="UTF-8">
    <title>v-on 指令绑定事件</title>
    <!-- 引用 vue 文件(需要网络连接) -->
    <script src="https://cdn.jsdelivr.net/npm/vue/dist/vue.js">
    </script>
</head>
<body>
    <div class="app">
        <button v-on:click="myclick">click me</button>
    </div>
    <script>
```

```
        new Vue({
            el:'.app',
            methods: {
                myclick: function () {
                    console.log("单击事件被触发了");
                }
            }
        });
    </script>
</body>
</html>
```

运行效果如图 3-6 所示。

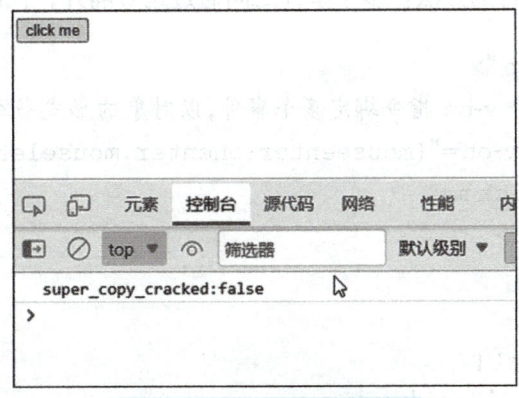

图 3-6 v-on 指令的运行效果

上述代码中，v-on：click 后面的值是一个方法，可以写成 myclick()，没有参数时可以写成 myclick。

另外，这种事件对应的方法不是定义在 data 选项中的，而是定义在 Vue 实例的 methods 选项中的，里面都是一个一个的 function。

v-on 也可以绑定多个事件，多个事件可以使用多个 v-on 绑定。代码如下：

```
<div class="app">
    <!-- 绑定鼠标按下事件和鼠标离开事件:每个 v-on 绑定一个事件 -->
    <button v-on:mouseenter='onenter' v-on:mouseleave='leave'>
        click me
    </button>
</div>
<script>
    new Vue({
```

```
        el:'.app',
        methods: {
            onenter: function () {
                console.log("鼠标按键被按下了...");
            },
            leave: function () {
                console.log("鼠标指针离开了...");
            }
        }
    });
</script>
```

也可以使用一个 v-on 绑定多个事件,用对象的形式书写,对象的键名就是事件名,对象的键值就是对应事件要执行的方法。多个事件之间通过逗号隔开,代码如下:

```
<div class="app">
    <!-- 一个 v-on 指令绑定多个事件,以对象的形式书写 -->
    <button v-on="{mouseenter:onenter,mouseleave:leave}">
        click me
    </button>
</div>
<script>
    new Vue({
        el:'.app',
        methods: {
            onenter: function () {
                console.log("鼠标按键被按下了...");
            },
            leave: function () {
                console.log("鼠标指针离开了...");
            }
        }
    });
</script>
```

但是需要注意,在 Vue 实例中对应的事件方法一定要存在,否则只在容器元素上绑定事件,而事件方法并未给出,程序就会报错。

与 v-bind 一样,v-on 也常用到,也有对应的简写形式:v-on:事件名,可以简写成@事件名。示例代码如下:

```html
<!DOCTYPE html>
<html lang="en">
<head>
    <meta charset="UTF-8">
    <title>v-on 指令绑定事件</title>
    <!-- 引用 vue 文件(需要网络连接) -->
    <script src="https://cdn.jsdelivr.net/npm/vue/dist/vue.js">
    </script>
</head>
<body>
    <div class="app">
        <!-- v-on 简写形式: -->
        <button @click="myclick">click me</button>
    </div>
    <script>
        new Vue({
            el:'.app',
            methods: {
                myclick: function () {
                    console.log("单击事件被触发了");
                }
            }
        });
    </script>
</body>
</html>
```

3.1.6　v-if 指令

条件判断使用 v-if 指令，指令的表达式返回 true 时才会显示。在如下示例设计中，通过判断数据的真假来决定是否显示该元素，代码如下：

```html
<!DOCTYPE html>
<html lang="en">
<head>
    <meta charset="UTF-8">
    <title>v-show 指令</title>
    <!-- 引用 vue 文件(需要网络连接) -->
```

```html
        <script src="https://cdn.jsdelivr.net/npm/vue/dist/vue.js">
        </script>
</head>
<body>
        <!-- 准备好一个容器 -->
        <div id="root">
            <!-- flag1 为 false,所以该<p>标签及内容不会显示 -->
            <p v-if="flag1">flag1 的值将决定其是否显示</p>
            <!-- flag2 为 true,所以该<div>标签及内容会正常显示 -->
            <div v-if="flag2">flag2 的值将决定其是否显示</div>
        </div>
</body>
<script type="text/javascript">
        Vue.config.productionTip = false //阻止 vue 在启动时生成生产提示
        new Vue({
            el:'#root',
            data: {
                flag1: false,
                flag2: true
            }
        })
</script>
</html>
```

需要注意的是,当 v-if 指令的值为 false 时,不展示的 DOM 元素直接被移除,所以适用于切换频率较低的场景。因此在某些场景下,会因为 DOM 元素被移除而可能使元素获取不到。

3.1.7 v-show 指令

和 v-if 指令功能相同的 v-show 指令,同样是根据指令的取值结果或表达式结果来决定元素是否显示的。而不同之处在于,v-show 指令的结果如果为 false,那么不展示的 DOM 元素并未被移除,仅仅是使用样式隐藏掉,即"display:none",适用于切换频率较高的场景。代码如下:

```html
<!DOCTYPE html>
<html lang="en">
<head>
        <meta charset="UTF-8">
        <title>v-show 指令</title>
        <!-- 引用 vue 文件(需要网络连接) -->
```

```html
        <script src="https://cdn.jsdelivr.net/npm/vue/dist/vue.js">
        </script>
</head>
<body>
    <!-- 准备好一个容器 -->
    <div id="root">
        <!-- flag1 为 false,所以该<p>标签及内容不会显示 -->
        <p v-show="flag1">flag1 的值将决定其是否显示</p>
        <!-- flag2 为 true,所以该<div>标签及内容会正常显示 -->
        <div v-show="flag2">flag2 的值将决定其是否显示</div>
    </div>
</body>
<script type="text/javascript">
    Vue.config.productionTip = false //阻止 vue 在启动时生成生产提示
    new Vue({
        el: '#root',
        data: {
            flag1: false,
            flag2: true
        }
    })
</script>
</html>
```

3.1.8　v-for 指令

v-for 指令用于展示列表数据。

语法为 v-for="（item，index）of 数据": key ="index"。其中，数据可以是数组、对象、字符串，也可以是指定的遍历次数。下面以遍历数组对象为例展示，其他数据同理。代码如下：

```html
<!DOCTYPE html>
<html lang="en">
<head>
    <meta charset="UTF-8">
    <title>v-for 指令</title>
    <!-- 引用 vue 文件(需要网络连接) -->
    <script src="https://cdn.jsdelivr.net/npm/vue/dist/vue.js">
    </script>
</head>
```

```
<body>
    <!-- 准备好一个容器 -->
    <div id="root">
        <!-- 遍历数据 -->
        <ul>
            <li v-for="(p,index) of person" :key=index>{{p}}</li>
        </ul>
    </div>
</body>
<script type="text/javascript">
    new Vue({
        el:'#root',
        data: {
            person:["卢本伟","55开","Wh1t3zZ"]
        }
    })
</script>
</html>
```

练习与思考

一、填空题

1. v-bind 指令用于绑定_____，v-on 指令用于绑定_____，v-text 指令用于绑定_____。
2. v-model 指令常用于表单数据的双向绑定，它在本质上是_____。
3. v-if 指令和 v-show 指令的属性值需要的是_____类型。
4. v-show 指令的属性值为 false 时，本质上是通过 CSS 样式中的_____来隐藏元素的。
5. v-for 指令的功能是用来_____。

二、单选题

1. 不适用于将 Vue 实例管理的数据填充到标签体内容的是（   ）。
   A. v-text 指令   B. v-html 指令   C. 插值表达式   D. v-for 指令
2. v-for 指令可以用来展示的数据类型不包含（   ）。
   A. 数组   B. 对象   C. 字符串   D. 浮点数
3. v-model 指令不可以用在以下（   ）标签中。
   A. \<input>   B. \<textarea>   C. \<img>   D. \<select>

三、多选题

1. Vue 的常用指令有（   ）。
   A. v-text 指令   B. v-html 指令   C. v-show 指令   D. v-innerHTML 指令

2. Vue 绑定事件有（　　）方式。
A. v-on：事件类型＝"事件函数"
B. v-on＝"{事件类型1：事件函数1，事件类型2：事件函数2}"
C. @事件类型＝"事件函数"
D. ：事件类型＝"事件函数"
3. v-bind 指令可以绑定（　　）属性。
A. src 属性　　　　B. href 属性　　　　C. style 属性　　　　D. 自定义属性

四、判断题
1. v-text 指令与 v-html 指令在应用场景上没有区别。（　　）
2. v-model 指令可以实现数据的双向动态绑定。（　　）
3. v-if 指令在表达式结果为 false 时不会移除 DOM 元素，而是通过 CSS 样式将对应元素进行隐藏的。（　　）

五、简答题
Vue 指令的作用是什么？

任务 3.2　学习常用属性

任务目标
1. 掌握 Vue 常用属性的概念。
2. 掌握 Vue 常用属性的用法。

任务描述
Vue 属性用来为 Vue 实例对象提供对应的功能。例如，el 属性为实例提供挂载元素，data 属性可以定义挂载元素中所需要的数据，template 属性提供模板渲染功能，methods 属性定义多个函数以供实例对象所管理的容器进行调用或者事件触发，以及计算属性、监视属性等分别处理数据的变化等。

任务分析
通过对 Vue 中 7 种常用属性的介绍，读者可掌握不同属性的意义和应用场景。通过实训案例的讲解，读者可掌握 el 属性、data 属性、template 属性、methods 属性等内容。最后通过练习与思考题完成 Vue 常用属性的全面掌握与灵活运用。

3.2.1　el 属性

在 Vue.js 的构造函数中有一个 el 属性，该属性的作用是为 Vue 实例提供挂载元素。定义挂载元素后，接下来的全部操作都在该元素内进行，元素外部不受影响。该选项的值可以使用 CSS 选择符，也可以使用原生的 DOM 元素名称。例如页面中定义了一个 div 元素，代码如下：

```
<div id="app" class="box"></div>
```

如果将该元素作为 Vue 实例的挂载元素，则可以设置为 "el:"#app""、"el:".box"" 或 "document.getElementById("app")"。

需要注意的是，元素的 el 属性所对应的页面容器应该是一对一的关系，即一个页面容器由一个 Vue 实例接管。

3.2.2 data 属性

使用 data 选项可以定义数据，这些数据可以绑定到实例对应的模板中，示例代码如下：

```
<div id="box">
    <h3>课程名称:{{name}}</h3>
</div>
<script>
    new Vue({
        el:"#box",
        data:{
            name:"vue 框架"
        }
    })
</script>
```

运行效果如图 3-7 所示。

课程名称：vue框架

图 3-7 data 属性的运行效果

在上述代码中创建了一个 Vue 实例，在实例的 data 中定义了属性 name。容器模板中的 {{name}} 用于输出 name 属性的值。由此可见，data 数据与 DOM 进行了关联。

在创建 Vue 实例时，如果传入的 data 是一个对象，那么 Vue 实例会代理 data 对象中的所有属性。当这些属性的值发生变化时，HTML 视图也将会产生相应的变化。因此，data 对象中定义的属性被称为响应式属性。示例代码如下：

```
<div id="box">
    <h3>课程名称:{{name}}</h3>
    <h3>官网地址:{{url}}</h3>
</div>
<script>
```

```
var data = {name:"Vue 框架",url:"https://cn.vuejs.org/"}
var demo = new Vue({
    el:"#box",
    data:data
});
document.write(demo.name === data.name)//引用了相同的对象
demo.url = "https://vuejs.org"  //重新设置属性
</script>
```

运行效果如图 3-8 所示。

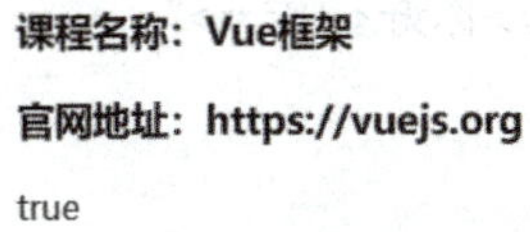

课程名称： Vue框架

官网地址： https://vuejs.org

true

图 3-8　data 属性的运行效果

在上述代码中，demo.name === data.name 的输出结果为 true。当重新设置 url 属性值时，模板中的 {{url}} 也会随之改变，由此可见，通过实例 demo 就可以调用 data 对象中的属性。而且，当 data 对象属性的值发生改变时，视图会进行重新渲染。

需要注意的是，只有在创建 Vue 实例时，传入的 data 对象中的属性才是响应式的。如果开始不能确定某些属性的值，那么可以为它们设置一些初始值。例如：

```
data: {
    name : " ",
    count : 0,
    price : [],
    flag : true
}
```

除了 data 数据属性外，Vue.js 还提供了一些有用的实例属性和方法。这些属性和方法的名称都有前缀 $，以便与用户自定义的属性进行区分。例如，可以通过 Vue 实例中的 $data 属性来获取声明的数据，示例代码如下：

```
<script>
    var data = { name:"Vue 框架", url:"https://cn.vuejs.org/" }
    var demo = new Vue({
        el:"#box",
        data: data,
    });
    document.write(demo.$data === data)//输出 true
</script>
```

3.2.3 template 属性

Vue 的 template 属性提供模板语法的功能,可以将该属性中的内容渲染到页面容器中,有 3 种书写方式:

第一种书写方式存在弊端,例如,当内容较多时,标签结构在字符串中会显得可读性较差,且不利于维护,代码如下:

```
<div id="app"></div>
<script>
    var demo = new Vue({
        el:"#app",
        template:"<div>你好</div>",
    });
</script>
```

第二种书写方式是直接将内容写在 template 标签里面,直接用 id 进行关联,可读性明显提高,代码如下:

```
<div id="app">
    <template id="template">
        <h1>这里是写在 HTML 中的 template 内容</h1>
    </template>
</div>
<script>
    var app = new Vue({
        el:"#app",
        template:"#template"
    })
</script>
```

第三种书写方式是使用 script 引入写法,可以在另一个 .js 文件中引用,代码如下:

```
<div id="app"></div>
<script type="text/template" id="template">
    <h1>这里是 script 中的 template 内容</h1>
</script>
<script>
    var app = new Vue({
        el:"#app",
        data:{
```

```
            },
            template:"#template"
        })
    </script>
```

3.2.4 methods 属性

在 Vue()构造函数的对象中,除了传入 el、data、template 属性之外,还可以包括 methods 属性,该属性里面可以定义多个方法(或者称为函数)。该属性中的函数可以被 Vue 对象所管理的容器直接调用或者进行事件调用。值得注意的是,该属性中的函数如果使用 data 中定义的数据,则需要配合 this 进行访问。

代码如下:

```
<div id="app">
    <!-- 调用 methods 中的 sayHello()函数 -->
    <p>{{sayHello()}}</p>
</div>
<script>
    var app = new Vue({
        el:"#app",
        data: {
            username:"尤雨溪"
        },
        methods: {
            sayHello:function(){
                // 使用 data 中定义的 username
                return 'vue 的作者是 ${this.username}'
            }
        }
    })
</script>
```

3.2.5 render 属性

render 属性是可以编程式地创建组件虚拟 DOM 树的函数,可以简单地理解为字符串模板的一种替代,使用户利用 JavaScript 的丰富表达力来完全编程式地声明组件最终的渲染输出效果。在使用 render 属性时,会使用到一个参数 createElement。createElement 参数在本质上也是一个函数,是 Vue 中构建虚拟 DOM 所使用的工具。

在 createElement 函数中有 3 个参数:

第一个参数为必要参数:主要用于提供 DOM 中的 HTML 内容,类型可以是字符串、对象或者函数。

第二个参数为对象类型（可选）：用于设置这个 DOM 中的一些样式、属性、传入的组件的参数、绑定事件等。

第三个参数类型是数组，数组元素类型是 VNode（可选）：主要用于设置分发的内容，如新增的其他组件。

如下代码的功能是使用 render 属性创建一个<H1>标签，内容为"你好 render"。

```
<div id="app"></div>
<script>
   var app = new Vue({
       el:"#app",
       render(createElement) {
         return createElement("h1","你好 render")
       }
   })
</script>
```

3.2.6　watch 属性

响应式是 Vue.js 的最大特点，响应式的目的是使 Vue.js 管理对象之间存在自动更新机制。watch 属性就是一个用于侦听功能的方法，用来响应数据的变化，通过特定的数据变化驱动一些操作。

侦听器的基本作用是在数据模型中的某个属性发生变化的时候进行拦截，从而执行指定的处理逻辑。通常会在拦截操作和耗时操作的场景中用到侦听器。

如下代码的作用是监听 firstName 属性的变化，侦听器中的函数要与被监听的属性保持同名，每次 firstName 发生变化时，就会调用 firstName() 函数。侦听器中的函数可以包含两个参数，前者是变化后的新值，后者是变换前的原值。代码如下：

```
<div id="app">
    <p>全名 fullName:{{fullName}}</p>
    <p>姓氏 firstName:<input type="text" v-model="firstName"></p>
</div>
<script>
    var app = new Vue({
        el:"#app",
        data:{
            firstName:"徐",
            lastName:"晏兵",
            fullName:" "
        },
```

```
watch:{
    // 监听 firstName 属性,当属性值发生变化时,自动调用下面的函数
    firstName(newName,oldName){
        this.fullName = newName+"-"+this.lastName
    }
}
})
</script>
```

3.2.7 computed 属性

在一个应用程序中会涉及很多变量,而变量之间往往存在很多关联关系。其中的有一些变量是根本性的,而另一些则是依赖性的。Vue.js 提供了根据某些变量自动关联另一些变量的机制,以简化对象之间的复杂关系。computed 属性,也称计算属性,就是用来完成该功能的。

下面以一个根据正方形边长关联面积的示例介绍 computed 属性的基本用法,代码如下:

```
<script>
    var vm = new Vue({
        data:{
            length:2
        },
        computed:{
            area(){
                return this.length * this.length
            }
        }
    })
    console.log(vm.area);//输出 4
</script>
```

在这个例子中,业务模型是一个正方形(Square),只有一个属性,即正方形的边长(length)属性。在 computed 属性中定义了一个名为 area(面积)的方法,用于计算正方形的面积,即返回 length 的平方。

计算属性是存取器,本质上是函数,但在访问(调用)时,需要像对待变量那样不带小括号,例如上面应写作 vm.area,而不是 vm.area()。

大多数时候用到的都是 get 存取器,即"读"方式存取器。上面定义的 area()计算属性就是一个"读"方式存取器。有时候也会用到 set 存取器,即"写"方式存取器。这时代码就需要修改成如下形式,以分别设定 get 存取器和 set 存取器。代码如下:

```
        var vm = new Vue({
            data: {
                length: 2
            },
            computed: {
                area: {
                    get() {
                        return this.length * this.length
                    },
                    set(value) {
                        this.length = Math.sqrt(value)
                    }
                }
            }
        })
        console.log(vm.area);//输出 4
        vm.area = 9
        console.log(vm.length);//输出 3
</script>
```

可以看到，在 computed 属性中，area 被设置为一个对象，里面分别设定了 get()和 set()方法。get()方法和上面的相同，仍返回边长的平方；而 set()方法要带一个参数，参数名可以自定义，如这里称为 value。在 set 存取器中，value 表示对 area 进行赋值的参数，即正方形的面积，此时边长被更新为面积的平方根。因此在输出结果中，如果把"9"设置给 vm.area，就会调用 set 存取器，从而把 length 的值更新为 3。

另外，通过读/写存取器的方式，也可以实现对原始业务模型的加工处理。计算属性可以在原始数据模型的基础上增加新的数据，而新增加的数据和原始数据之间存在着一定的约束关系。上面的例子就实现了给正方形增加一个面积属性的功能，而原有的边长属性和新的面积属性之间仍存在着平方关系，二者并不是独立的，当其中一个被改变时，另一个也会跟着改变。因此，在"业务模型"中得到边长、在"视图模型"中处理面积这是最合理的方式。

练习与思考

一、填空题

1. 挂载元素使用的属性是_____。
2. 用于侦听功能的属性是_____。
3. 根据某些变量自动完成关联变量计算功能的属性是_____。
4. 用于模板语法的属性是_____。

5. render 属性是可以编程式地创建组件虚拟 DOM 树的函数，该函数中有一个重要参数_____。

二、单选题

1. 可用于编程式地创建组件虚拟 DOM 树的属性是（　　）。
   A. data 属性　　　B. computed 属性　　　C. watch 属性　　　D. render 属性
2. 定义数据的属性是（　　）。
   A. el 属性　　　　B. data 属性　　　　　C. template 属性　　　D. watch 属性
3. 定义函数的属性是（　　）。
   A. methods 属性　B. watch 属性　　　　　C. render 属性　　　　D. computed 属性

三、多选题

1. el 属性的取值可以是（　　）。
   A. "#app"
   B. ".box"
   C. document.getElementById（"app"）
   D. document.querySelect（"#app"）
2. methods 中定义的函数可以用于（　　）。
   A. 在容器中直接调用
   B. 在容器中进行事件调用
   C. 在 methods 的其他函数中直接调用
   D. 在 methods 的其他函数中配合 this 调用
3. 有关 createElement 函数中的参数解释正确的是（　　）。
   A. 第一个参数为必要参数
   B. 第二个参数为对象类型（可选）
   C. 第三个参数为类型是数组（可选）
   D. 第四个参数为类型是字符串（可选）

四、判断题

1. watch 属性只能监听指定属性的变化，未指定的属性则无法监听。（　　）
2. render 函数可以写成箭头函数用以简化编码。（　　）
3. computed 属性有 get( ) 和 set( ) 方法。（　　）

任务 3.3　学习常用方法

📂 任务目标

1. 掌握 Vue 生命周期的概念。
2. 掌握生命周期对应的钩子函数的用法。
3. 掌握钩子函数被调用的时机。

📄 任务描述

Vue 生命周期是指 Vue 实例在被创建、运行和销毁过程中，自动执行的一些方法。它包括了创建阶段、挂载阶段、更新阶段、销毁阶段。每个 Vue 组件实例在创建时都需要经历一系列的初始化步骤，如设置好数据侦听、编译模板、挂载实例到 DOM，以及在数据改变时更新 DOM。在此过程中，它也会运行被称为生命周期钩子函数，让开发者有机会在特定阶段运行自己的代码。

任务分析

本任务主要介绍 Vue 中常用的生命周期钩子函数,读者可掌握钩子函数的使用方式和被调用的时机。通过对钩子函数的理解,读者可掌握页面元素中数据的加载时机和过程。

3.3.1 beforeCreate( )

Vue 生命周期的 beforeCreate( ) 函数是 Vue 实例被创建出来之前会执行。在 beforeCreate( ) 生命周期钩子函数执行的时候,Vue 实例中 data 和 methods 中的数据都还没有被初始化。示例代码如下:

```
<script>
    var vm = new Vue({
        el:"#app",
        data:{
            msg:"生命周期之 beforeCreate"
        },
        methods: {
            show(){
                console.log("执行了 show()方法");
            }
        },
        beforeCreate() {
            console.log("beforeCreate。。。")
            // 访问 data 中的属性
            console.log(this.msg)
            // 访问 methods 中的方法
            this.show()
        },
    })
</script>
```

以上代码的运行结果如图 3-9 所示。

```
beforeCreate。。。
undefined
⊗ ▶[Vue warn]: Error in beforeCreate hook: "TypeError: this.show is not a function"
    (found in <Root>)
⊗ ▶TypeError: this.show is not a function
        at Vue.beforeCreate (01-beforeCreate.html:29:22)
        at invokeWithErrorHandling (vue.js:3698:63)
        at callHook$1 (vue.js:3102:15)
        at Vue._init (vue.js:4710:11)
        at new Vue (vue.js:5759:12)
        at 01-beforeCreate.html:14:18
```

图 3-9 使用 beforeCreate( )方法的代码运行结果

通过运行结果可以验证，beforeCreate()函数是在 Vue 实例被创建出来之前调用的。此时，Vue 实例中的 data 和 methods 中的数据都还没有被初始化。

3.3.2　created( )

created()函数被调用时，Vue 实例中的 data 和 methods 都已被初始化了。如果需要调用 Vue 实例中 methods 中的方法，或者操作 data 中的数据，只能在 created()方法中。代码如下：

```
<script>
    var vm = new Vue({
        el:"#app",
        data:{
            msg:"生命周期之 created"
        },
        methods: {
            show(){
                console.log("执行了 show()方法");
            }
        },
        created() {
            console.log("created...")
            // 访问 data 中的属性
            console.log(this.msg)
            // 访问 methods 中的方法
            this.show()
        },
    })
</script>
```

运行结果如图 3-10 所示。

created...
生命周期
执行了 show()方法

图 3-10　使用 created()方法的代码运行结果

通过输出结果可以验证，created()函数被调用时，Vue 实例中的 data 和 methods 都已被初始化了。

3.3.3　beforeMount( )

beforeMount()函数被调用时，表示 Vue 实例开始编辑模板，执行 Vue 代码中的那些指令在内存中生成一个编译好的最终字符串然后把这个模板字符串渲染为内存中的 DOM。

Vue 生命周期的 beforeMount() 函数被调用时，只是在内存中渲染好了模板，并没有把模板挂载到真正的页面中去。代码如下：

```
<div id="app">
    <h3 id="h3">{{msg}}</h3>
</div>
<script>
    var vm = new Vue({
        el:"#app",
        data:{
            msg:"生命周期之beforeMount"
        },
        beforeMount() {
            console.log(document.getElementById("h3").innerText);
        }
    })
</script>
```

运行结果如图 3-11 所示。

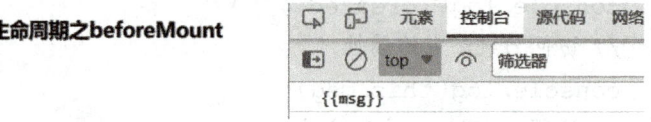

图 3-11　使用 beforeMount() 方法的代码运行结果

由运行结果可以验证，beforeMount() 函数被调用时，只是在内存中渲染好了模板，并没有把模板挂载到真正的页面中去。

3.3.4　mounted()

mounted() 函数被调用时，Vue 实例的内存中的模板已经真实地挂载到了页面中，用户可以看到渲染好的页面。

Vue 生命周期的 mounted() 函数是实例创建期间的最后一个生命周期钩子函数，执行完 mounted() 就表示实例已经完全被创建好了，此时，如果没有其他操作，那么这个实例就静静地在内存中。示例代码如下：

```
<div id="app">
    <h3 id="h3">{{msg}}</h3>
</div>
<script>
    Vue.config.productionTip = false //阻止vue在启动时生成生产提示
    var vm = new Vue({
```

```
        el:"#app",
        data:{
            msg:"生命周期之mounted"
        },
        mounted() {
            console.log(document.getElementById("h3").innerText);
        }
    })
</script>
```

以上代码的运行结果如图 3-12 所示。

图 3-12　使用 mounted( )方法的代码运行结果

由运行结果可以得知，在 Vue 生命周期函数的 mounted( )中打印了模板中<h3>标签的内容，此时，innerText 属性已经被渲染完毕，即 Vue 实例的模板已经完全被渲染。

3.3.5　beforeUpdate( )

Vue 生命周期的 beforeUpdate( )函数会根据 data 数据的改变而自动调用，但 beforeUpdate( )运行的时候，页面中显示的数据会改变之前的旧数据，此时 data 中的数据是最新的，页面尚未和最新的数据保持同步。示例代码如下：

```
<div id="app">
    <h3 id="h3">{{msg}}</h3>
    <button @click="msg='beforeUpate被修改啦'">单击修改msg的值为
    新数据</button>
</div>
<script>
    Vue.config.productionTip = false //阻止vue在启动时生成生产提示
    var vm = new Vue({
        el:"#app",
        data: {
            msg:"生命周期之beforeUpdate"
        },
        beforeUpdate() {
            // 模板中的数据还未改变
```

```
        console.log('模板中元素的内容:' + document.getElementById
        ("h3").innerText);
        // data 中的数据发生了改变
        console.log('data 中的 msg 数据:' + this.msg);
    }
})
</script>
```

3.3.6 updated( )

Vue 生命周期的 updated( )函数会根据 data 数据的改变而自动调用。updated( )函数运行时,页面中显示的数据和 data 中的数据都已经完成更新,此时的数据都是最新的。示例代码如下:

```
<div id="app">
    <h3 id="h3">{{msg}}</h3>
    <button @click="msg='updated 被修改啦' ">单击修改 msg 的值为新数据</button>
</div>
<script>
    Vue.config.productionTip = false //阻止 vue 在启动时生成生产提示
    var vm = new Vue({
        el:"#app",
        data: {
            msg:"生命周期之 updated"
        },
        updated() {
            // 模板中的数据已经同步改变
            console.log('模板中元素的内容:' + document.getElementById
            ("h3").innerText);
            // data 中的数据和模板中的数据相同
            console.log('data 中的 msg 数据:' + this.msg);
        }
    })
</script>
```

3.3.7 beforeDestory( )

beforeDestory( )钩子函数在执行时,Vue 实例已经从运行阶段进入到了销毁阶段。当 Vue 生命周期执行 beforeDestory( )时,实例上所有的数据都处于可用状态,此时还没有真正地进入销毁过程。

3.3.8 destoryed( )

当 Vue 生命周期执行到 destoryed( ) 函数时，组件已经完全被销毁了，此时组件中所有的数据、方法、指令、过滤器都已经不可用。

练习与思考

一、填空题

1. Vue 实例被创建出来之前自动调用的钩子函数是_____。
2. _____钩子函数调用时，Vue 实例中的 data 和 methods 都已被初始化。
3. _____钩子函数调用时，Vue 实例内存中的模板已真实地挂载到页面中。

二、单选题

会根据 data 数据的改变而自动调用的钩子函数是（   ）。
A. created( )   B. mounted( )   C. updated( )   D. destoryed( )

三、多选题

1. 当用户可以看到渲染好的页面时，已经被调用的钩子函数有（   ）。
A. beforeCreate( )   B. created( )   C. mounted( )   D. beforeDestory( )
2. destoryed( ) 被调用时，以下（   ）不可用。
A. 数据   B. 方法   C. 指令   D. 过滤器

四、简答题

简述生命周期钩子函数的用法。

任务 3.4　学习 Vue.js 组件

任务目标

1. 掌握组件的概念及作用。
2. 掌握组件的创建方式。
3. 掌握 Vue CLI（脚手架）的使用。
4. 掌握组件间通信的方式。

任务描述

组件允许将 UI 划分为独立的、可重用的部分，并且可以对每个部分进行单独的操作。在实际应用中，组件常被组织成层层嵌套的树状结构。这和嵌套 HTML 元素的方式类似，Vue 实现了自己的组件模型，使用户可以在每个组件内封装自定义的内容与逻辑。

任务分析

组件的意义在于实现应用中局部功能代码的复用。本任务重点介绍组件的组成部分和组件的使用方式,以及组件间如何进行通信。

3.4.1 组件的创建

一般情况下,会通过.vue 文件来编写能够实现局部功能的代码(结构、样式、交互),以达到组件复用的效果。在该.vue 文件中,通过<template>标签来定义所有的结构,通过<style>标签来定义结构所需要的样式,通过<script>标签来定义需要的数据和交互效果。例如定义 Course.vue 文件,代码如下:

```
<!-- 结构代码定义在<template>中 -->
<template>
    <div class="demo">
        <h2>课程名称:{{courseName}}</h2>
    </div>
</template>
<!-- 数据和交互的内容定义在<script>中 -->
<script>
    export default {
        name:'Course',
        data(){
            return {
                courseName:"Vue 课程",
            }
        }
    }
</script>
<!-- 样式定义在<style>中 -->
<style>
    .demo{
        background-color: skyblue;
    }
</style>
```

鉴于浏览器只能解析.html、.css、.js 文件代码,单独定义一个 Course.vue 文件时并不能直接运行该 Course.vue 文件,所以能够帮助翻译.vue 文件的工具(Vue CLI)应运而生,开发者习惯将 Vue CLI 称为脚手架。使用该脚手架前需要进行全局安装,安装命令为:npm install -g @Vue/cli。

在指定目录下使用脚手架命令创建项目,该脚手架会自动生成代码结构。创建项目的命令为:Vue create 项目名称。项目结构如图 3-13 所示。

图 3-13 项目结构

项目创建完成后,将 Course.vue 组件放在组件目录 components 下,并且在 app 组件中进行注册即可。代码如下:

```
<template>
  <div id="app">
    <Course></Course>
  </div>
</template>
<script>
  import Course from './components/Course'
  export default {
    name:'App',
    // 注册 Course 组件
    components: {
      Course
    }
  }
</script>
<style>
  /* app 组件的样式,暂时不需要 */
</style>
```

注册完成后,通过脚手架命令启动项目:npm run 项目名,观察浏览器中 Course.vue 组件中的结构、样式、交互,效果如图 3-14 所示。

课程名称:Vue课程

图 3-14 组件效果

3.4.2 组件间的通信

如果正在构建一个学科项目,那么可能需要一个表示课程的组件。如果希望所有学科分享相同的视觉布局,但内容不同,如课程的名称,则必须向组件中传递数据,如每个课程的名称或者课时,这就会使用到 props 属性。

props 是一种特别的属性,可在组件上声明注册。要传递给课程组件一个名称,必须在组件的 props 列表上声明它。这里要用到 props 选项,示例代码如下:

```
<script>
    export default {
        name:'Course',
        data(){
            return {
                courseName:this.name,
            }
        },
        // 定义 props 列表,接收 app 组件通过 name 属性传递过来的属性值
        props:['name']
    }
</script>
```

当一个值被传递给 props 时,它将成为该组件实例上的一个属性。该属性的值可以像其他组件的属性值一样,在模板和组件的 this 上下文中访问。

一个组件可以有任意多的 props,默认情况下,所有 props 都可接收任意类型的值。

当一个 props 被注册后,可以以自定义属性的形式传递数据给它:

```
<h2>课程名称:{{courseName}}</h2>
```

在 app 组件中,通过使用 Course 组件对应的 name 属性进行数据的传递,即可完成组件间通信。

```
<!-- 使用 Course 组件,并且传递课程名称与 Course 组件进行通信 -->
    <Course name="工业 UI 之 vue"></Course>
    <Course name="工业 UI 之 JavaScript"></Course>
```

页面效果如图 3-15 所示。

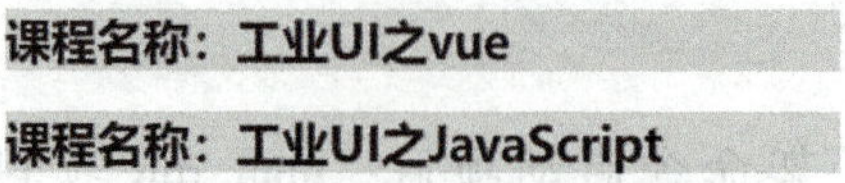

课程名称: 工业UI之vue

课程名称: 工业UI之JavaScript

图 3-15 组件通信页面效果

练习与思考

综合题
根据所学知识设计程序，完成组件间的通信功能。

模块4 认识C++开发语言

模块导读

C++是一种计算机高级程序设计语言,由 C 语言扩展升级而产生,最早于 1979 年由本贾尼·斯特劳斯特卢普在 AT&T 贝尔工作室开发。C++既可以进行 C 语言的过程化程序设计,又可以进行以抽象数据类型为特点的基于对象的程序设计,还可以进行以继承和多态为特点的面向对象的程序设计。C++擅长面向对象程序设计的同时,还可以进行基于过程的程序设计。C++拥有计算机运行的实用性特征,同时还致力于提高大规模程序的编程质量与程序设计语言的问题描述能力。

C++语言是当今应用非常广泛的面向对象程序设计语言,涉及的领域很多,从大型的项目工程到小型的应用程序,C++都可以开发,如操作系统、大部分游戏、图形图像处理、科学计算、嵌入式系统、驱动程序、没有界面或只有简单界面的服务程序、军工和工业实时监控软件系统、虚拟机、高端服务器程序、语音识别处理等。本模块将详细讲解 C++语言,思维导图如下:

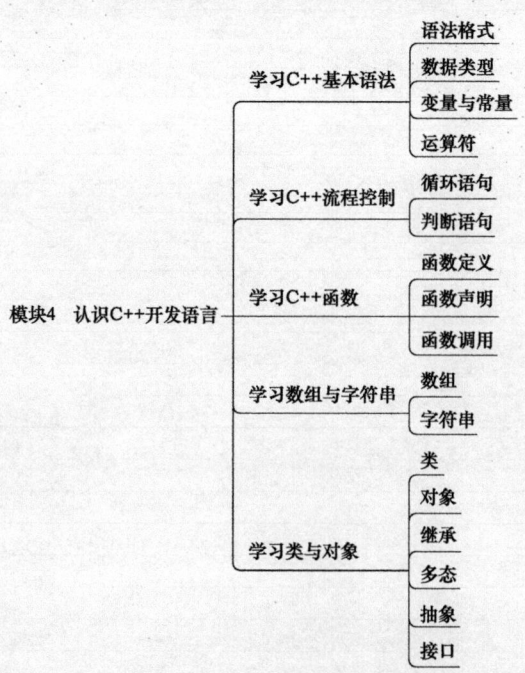

任务 4.1　学习 C++基本语法

任务目标

1. 掌握书写 C++代码的语法格式。
2. 掌握 C++的基本数据类型。
3. 掌握 C++中的常量与变量以及运算符。

任务描述

本任务通过理论与代码结合的方式介绍 C++的基本语法格式、基本数据类型、变量、常量以及运算符等概念。

任务分析

C++是一种静态类型的、编译式的、通用的、大小写敏感的、不规则的编程语言,支持过程化编程、面向对象编程和泛型编程。C++被认为是一种中级语言,它综合了高级语言和低级语言的特点。C++进一步扩充和完善了 C 语言,最初命名为"带类的 C",后来在 1983 年更名为 C++。

4.1.1　语法格式

1. 格式

(1) C++程序结构　简单的 C++文件的基本结构如下:

```
#include <iostream>
using namespace std;
int main() {
    cout << "Hello World";
    return 0;
}
```

这段代码的含义:

<iostream>:头文件,它包含了程序中必需的或有用的信息。

using namespace std:告诉编译器使用 std 命名空间。

main():程序开始执行的地方。

int main():主函数,程序从这里开始执行。

cout<<Hello World:会在屏幕上显示消息 "Hello World"。

return 0:终止 main()函数,并向调用进程返回值 0。

上面的代码想要执行,需要在 VS 中创建项目,然后添加一个源文件,把代码复制到源文件中,并且将它保存成扩展名为.cpp 的文件,单击正上方的"运行"按钮,在控制台中就能看到结果。

(2) C++分号与语句块　在 C++中分号";"是语句结束符。也就是说,每个语句必须以分号结束。它表明一个逻辑实体的结束。以花括号"}"结束的语句段不需要分号";"。

(3) C++标识符　C++标识符用来标识变量、函数、类、模块或用户自定义项目的名称。标识符以字母（A~Z 或 a~z）或下划线（_）开始，后跟零个或多个字母、下划线和数字（0~9）。标识符内不允许出现标点字符，如@、& 和%。C++是区分大小写的编程语言。因此，在 C++中，Manpower 和 manpower 是两个不同的标识符。

(4) C++关键字　表 4-1 列出了 C++中的关键字。这些关键字不能作为常量名、变量名或其他标识符名称。

表 4-1　关键字

asm	else	new	this
auto	enum	operator	throw
bool	explicit	private	true
break	export	protected	try
case	extern	public	typedef
catch	false	register	typeid
char	float	reinterpret_cast	typename
class	for	return	union
const	friend	short	unsigned
const_cast	goto	signed	using
continue	if	sizeof	virtual
default	inline	static	void
delete	int	static_cast	volatile
do	long	struct	wchar_t
double	mutable	switch	while
dynamic_cast	namespace	template	

(5) 三字符组　三字符组就是用于表示另一个字符的3个字符序列，又称三字符序列。三字符序列总是以两个问号开头。三字符序列不太常见，但 C++标准允许把某些字符指定为三字符序列。以前为了表示键盘上没有的字符，这是必不可少的一种方法。

三字符序列可以出现在任何地方，包括字符串、字符序列、注释和预处理指令。下面列出了常用的三字符组，见表 4-2。

表 4-2　常用的三字符组及替换字符

三字符组	替换字符
??=	#
??/	\
??'	^
??(	[
??)	]

（续）

三字符组	替换字符
??!	|
?? <	{
?? >	}
?? -	~

但是要注意，从 Microsoft Visual C++ 2010 版开始，该编译器默认不再自动替换三字符组。如果需要使用三字符组替换（如为了兼容古老的软件代码），则需要设置编译器命令行选项"/Zc：trigraphs"。学习三字符时，如果看到了较老的 C++代码中出现了三字符组，那么需要理解它的含义。

（6）C++中的空格　在 C++中，空格用于描述空白符、制表符、换行符和注释。空格可将语句分隔成各个部分，让编译器能识别语句中的某个元素（如 int）在哪里结束，下一个元素在哪里开始。

2. 编译执行

1）源程序：未经编译的按照一定的程序设计语言规范书写的文本文件，是一系列人类可读的计算机语言指令。C++源程序文件的扩展名为 .cpp。

2）目标程序：源程序通过翻译加工以后所生成的程序。目标程序可以用机器语言表示，因此也称目标代码，也可以用汇编语言或其他中间语言表示。C++目标程序文件的扩展名为 .obj。

3）翻译程序：用来把源程序翻译为目标程序的程序。对翻译程序来说，源程序作为输入，经过翻译程序的处理，输出的是目标程序。

翻译程序有 3 种类型：汇编程序、编译程序和解释程序。

汇编程序：它的任务是把用汇编语言写成的源程序翻译为机器语言形式的目标程序。因此，用汇编程序编写的源程序要先经过汇编程序的加工，转换为等价的目标程序。

编译程序：如果源程序使用的是高级程序设计语言，经过翻译程序加工生成目标程序，那么该翻译程序就称为编译程序。所以，使用高级语言编写的源程序要在计算机上运行，通常首先需要经过编译程序加工，生成机器语言表示的目标程序。目标程序用的是汇编语言，因此还要经过一次汇编程序的加工。

解释程序：也是一种翻译程序，同样是将使用高级语言编写的源程序翻译成机器指令。它与编译程序的不同之处是，编译是指将源代码（静态的）转换成机器代码并保存，最终执行的是程序的机器码，而解释是指逐句地读入源代码，逐一地翻译实现其功能，翻译过程不产生实际的机器码，更不会保存。

模块 2 介绍的 JavaScript 就是将解释程序作为翻译程序，所以 JavaScript 也称为解释型语言。本模块介绍的 C++是用编译程序执行的语言，所以称为编译语言，而著名的 Java 代码，是先编译成中间代码再用 JVM 执行，所以可称为混合型语言。

4）编译环境：是程序运行的平台。在编译环境中，一个程序从编写代码到生成可执行文件，再到运行正确，需要经过编辑、编译、连接、运行和调试等阶段。

编辑阶段：在集成开发环境下创建程序（使用 Visual C++），然后在编辑窗口中输入和编辑源程序，检查源程序无误后保存为 .cpp 文件。

编译阶段：源程序经过编译后，生成一个目标文件，这个文件的扩展名为 . obj。该目标文件为源程序的目标代码，即机器语言指令。

连接阶段：将若干个目标文件和若干个库文件（. 1ib 文件）进行相互衔接，从而生成一个扩展名为 . exe 的文件，也就是可执行文件。该文件适应一定的操作系统环境，一般为 Windows 系统。库文件是一组由机器指令构成程序代码，是可连接的文件。库有标准库和用户生成库两种。标准库由 C++提供，用户生成库由软件开发商或程序员提供。

运行阶段：运行经过连接生成的扩展名为 . exe 的可执行文件。使用的 Visual C++具备以上这些步骤的功能，目标代码会保存在指定的目录，可以直接显示结果。

调试阶段：在编译阶段或连接阶段有可能出错，于是程序员就要重新编辑程序和编译程序。另外，程序运行的结果也有可能是错误的，也要重新进行编辑等操作。

3. 注释

程序的注释是解释性语句，C++代码中可以包含注释，这将提高源代码的可读性。所有的编程语言都允许某种形式的注释。

C++支持单行注释和多行注释，这两种形式的注释方法，而注释中的所有字符会被 C++编译器忽略。C++注释一般有以下两种（同 JavaScript）。

//：一般用于单行注释。

/*…*/：一般用于多行注释。

4.1.2 数据类型

1. 基本类型

计算机的处理过程中需要数据，并要操作这些数据。计算机处理的对象就是数据，为了描述不同的对象，会用到不同的数据。不同的数据有不同的存储空间，运算效率也不同，可以把数据归类为如下几类。

（1）布尔型　布尔型代表真或假的值，可以写作 bool 类型，只有两种值：true（真，本质是 1）、false（假，本质是 0），bool 类型占 1 个字节大小。代码如下：

```cpp
#include<iostream>
using namespace std;
int main()
{
    bool flag = true;
    cout << flag << endl;   //1

    flag = false;
    cout << flag << endl;//0
}
```

（2）字符型　字符型用于显示单个字符，语法是 char ch = 'a';。

注意：在显示字符型变量时，用单引号将字符括起来，不要用双引号；单引号内只能有一个字符，不可以是字符串；C 和 C++中的字符型变量只占用 1 个字节；字符型变量并不是把字符本身放到内存中存储，而是将对应的 ASCII 编码放入存储单元。代码如下：

```
#include<iostream>
using namespace std;
int main()
{
    char ch = 'a';
    cout << ch << endl;
    cout << sizeof(char) << endl;

    cout << (int)ch << endl;
    ch = 97;//可以直接用 ASCII 给字符型变量赋值
    cout << ch << endl;
    return 0;
}
```

（3）整型　整型是指整数类型，超出范围后会显示错误，它的范围见表 4-3。

表 4-3　整型范围

数 据 类 型	占 用 空 间	取 值 范 围
short（短整型）	2 字节	$-2^{15} \sim 2^{15}-1$
int（整型）	4 字节	$-2^{31} \sim 2^{31}-1$
long（长整型）	Windows 系统为 4 字节，Linux 系统为 4 字节（32 位）、8 字节（64 位）	$-2^{31} \sim 2^{31}-1$
long long（长长整型）	8 字节	$-2^{63} \sim 2^{63}-1$

（4）浮点型　浮点型用于表示小数，浮点型变量分为两种：单精度（float）、双精度（double）。两者的区别在于表示的有效数字范围不同。浮点数范围见表 4-4。

表 4-4　浮点数范围

数 据 类 型	占 用 空 间	有效数字范围
float	4 字节	7 位有效数字
double	8 字节	15 或 16 位有效数字

（5）void 类型　void 类型其实是一种语法性的类型，而不是数据类型，主要作为函数的参数或返回值，或者定义 void 指针，表示一种未知类型。

（6）宽字符型　char 型是一个基本数据类型，char 型变量可以存储一个字节的字符，但是汉字、韩文、日文等都占据两个字节，C++提供 wchar_t 类型来解决。wchar_t 也就是双字节型，又称宽字符型。

宽字符型的定义：

```
wchar_t wt[] = L"中国人";
```

在 C++中，iostream 类中的 wcout 对象可以代替 cout 对象来执行对宽字符的输出，代码如下：

```cpp
#include <iostream>
#include <locale>
using namespace std;
int main(){
    setlocale(LC_ALL,"chs");
    wchar_t wt[] = L"中国人";
    wcout << wt;
    cout << "中国人";
    return 0;
}
```

（7）typedef 声明

typedef 用于为对象取别名，以此增强程序的可读性。定义数据类型的别名，格式如下：

```cpp
typedef int INT;    //定义 int 类型的一个别名 INT,注意末尾的分号
```

2. 枚举类型

枚举（Enumeration）类型是 C++中的一种派生数据类型，它是由用户定义的若干枚举常量的集合。枚举类型的定义格式为：enum<类型名> {<枚举常量表>};。

格式说明：

关键字 enum：指明其后的标识符是一个枚举类型的名字。

枚举常量表：由枚举常量构成。枚举常量又称枚举成员，是以标识符形式表示的整型量，表示枚举类型的取值。枚举常量表列出枚举类型的所有取值，各枚举常量之间以","间隔，且必须各不相同。取值类型与条件表达式相同。示例代码如下：

```cpp
enum color_set1 {RED, BLUE, WHITE, BLACK};    // 定义枚举类型 color_set1
enum week {Sun, Mon, Tue, Wed, Thu, Fri, Sat};    // 定义枚举类型 week
```

枚举常量：代表该枚举类型的变量可能取的值，编译系统为每个枚举常量指定一个整数值。在默认状态下，这个整数就是所列举元素的序号，序号从 0 开始。在定义枚举类型时可以为部分或全部枚举常量指定整数值，在指定值之前的枚举常量仍按默认方式取值，而指定值之后的枚举常量按依次加 1 的原则取值。各枚举常量的值可以重复。示例代码如下：

```cpp
enum fruit_set {apple, orange, banana=1, peach, grape}
//枚举常量 apple=0,orange=1,banana=1,peach=2,grape=3
```

3. 类型转换

C++类型转换主要分为两种：隐式类型转换和显式类型转换（强制类型转换）。

（1）隐式类型转换　隐式类型转换是指不需要用户干预，编译器默认进行的类型转换行为。很多时候用户可能都不知道到底进行了哪些转换。它满足一个基本原则：由低精度向高精度的转换。示例代码如下：

```
int nValue = 8;
double dValue = 10.7;
// nValue 会被自动转换为 double 类型,用转换的结果再与 dValue 相加
double dSum = nValue + dValue;
int nValue = true;   // bool 类型被转换为 int 类型
```

（2）显式类型转换（强制类型转换） 下面介绍 4 种强制类型转换操作符。

1）static_cast：主要用于内置数据类型之间的相互转换。代码如下：

```
double dValue = 12.12;
float fValue = 3.14;
int nDValue = static_cast<int>(dValue);   // 12
int nFValue = static_cast<int>(fValue);   // 3
```

2）const_cast：可以用于 const 关键字的去除，只针对指针、引用、this 指针。代码如下：

```
const int n = 5;
int * k = const_cast<int *>(&n);
int& m = const_cast<int&>(n);
```

3）dynamic_cast：用于虚函数父类与子类之间的指针或引用的转换，使用的前提是必须要有虚函数。

4）reinterpret_cast：类似于 C 语言中的强制转换，不存在检查，在编译阶段直接转换、强制赋值。

4.1.3 变量与常量

C++程序除了规定的语句之外，还需要操作一些数据，正如在数学中有已知数和未知数一样，C++中也有常量和变量之分。

1. 变量

在计算机中，变量其实是程序可操作的存储区的名称。C++中的每个变量都有指定的类型，类型决定了变量存储的大小和布局，该范围内的值都可以存储在内存中，运算符可应用于变量。

（1）变量类型
- bool：存储值为 true 或 false。
- char：通常是一个字符（8 位），这是一个整数类型。
- int：整数。
- float：单精度浮点值。
- double：双精度浮点值。
- void：表示类型的缺失。
- wchar_t：宽字符类型。

C++也允许定义各种其他类型的变量，如枚举、指针、数组、引用、数据结构、类等。

（2）变量定义 变量定义是指示编译器在何处创建变量的存储，以及如何创建变量的存

储。变量定义指定一个数据类型，并包含了该类型的一个或多个变量的列表，如下所示：

```
type variable_list;
```

在这里，type 必须是一个有效的 C++数据类型，可以是 char、wchar_t、int、float、double、bool 或任何用户自定义的类型；variable_list 可以由一个或多个标识符名称组成，多个标识符之间用逗号分隔。下面列出几个有效的声明：

```
int        i, j, k;
char       c, ch;
float      f, salary;
double     d;
```

int i, j, k;——声明并定义了变量 i、j 和 k，指示编译器创建类型为 int、名为 i、j、k 的变量。变量可以在声明的时候被初始化（指定一个初始值）。初始化由一个赋值号和一个常量表达式组成，如下所示：

```
extern int d = 3, f = 5;    // d 和 f 的声明
int d = 3, f = 5;           // 定义并初始化 d 和 f
byte z = 22;                // 定义并初始化 z
char x = 'x';               // 变量 x 的值为 'x'
```

变量的名称可以由字母、数字和下划线组成，它必须以字母或下划线开头。但是大写字母和小写字母的含义是不同的。

(3) 变量声明　变量声明用于向编译器保证变量以给定的类型和名称存在，这样编译器在不需要知道变量完整细节的情况下也能继续进一步地编译。变量声明只在编译时有它的意义，在程序连接时，编译器需要实际的变量声明。

(4) 变量赋值　在 C++中对变量赋值后才能参与运算，赋值有两种形式：

1) 直接赋值，又称初始化，是在变量声明时直接赋初始值，如下所示：

```
int a=10;float b=2.0;
char c='A';
```

2) 先声明变量，在使用时再赋值，如下所示：

```
int a;
int b;
b=10;
a=b;
```

对于变量赋值，赋值号左边是要赋值的变量，右边是要赋值的数值或字符。注意：左边只可以是单一的变量名，右边可以是数值、一个有确定数值或字符的变量、一个运算式、一个函数调用后的返回值。要注意一点，函数赋值必须是相同类型的数值之间的赋值，不可以

是 int 类型赋值给 char 类型。

（5）变量作用域　作用域是程序的一个区域，有 3 个地方可以定义变量：在函数或一个代码块内部声明的变量，称为局部变量；在函数参数的定义中声明的变量，称为形式参数；在所有函数外部声明的变量（通常是在程序的头部），称为全局变量。本任务先介绍局部变量和全局变量。

1）局部变量：只能被函数内部或者代码块内部的语句使用。下面的示例使用了局部变量：

```cpp
#include <iostream>
using namespace std;
int main ()
{
  // 局部变量声明
  int a, b;
  int c;
  // 实际初始化
  a = 10;
  b = 20;
  c = a + b;
  cout << c;
  return 0;
}
```

2）全局变量。全局变量的值在程序的整个生命周期内都是有效的。全局变量可以被任何函数访问。也就是说，全局变量一旦声明，在整个程序中都是可用的。下面的示例使用了全局变量和局部变量：

```cpp
#include <iostream>
using namespace std;
// 全局变量声明
int g;
int main ()
{
  // 局部变量声明
  int a, b;
  // 实际初始化
  a = 10;
  b = 20;
  g = a + b;
  cout << g;
  return 0;
}
```

在程序中,局部变量和全局变量的名称可以相同。但是在函数内,局部变量的值会覆盖全局变量的值。

2. 常量

常量是固定值,在程序执行期间不会改变。这些固定的值又称字面量。常量可以是任何基本数据类型,可分为整数常量、浮点常量、字符常量、字符串常量和布尔常量。常量就是常规的变量,常量的值在定义后不能进行修改。

(1)整数常量 整数常量可以是十进制、八进制或十六进制的常量。前缀指定基数:0x 或 0X 表示十六进制,0 表示八进制,不带前缀则默认表示十进制。

整数常量也可以带一个后缀,后缀是 U 和 L 的组合,U 表示无符号整数(unsigned),L 表示长整数(long)。后缀可以是大写,也可以是小写,U 和 L 的顺序是任意的。下面列举几个整数常量的示例:

```
212         // 合法的
215u        // 合法的
0xFeeL      // 合法的
078         // 非法的:8 不是八进制的数字
032UU       // 非法的:不能重复后缀
```

以下是各种类型的整数常量的示例:

```
85          // 十进制
0213        // 八进制
0x4b        // 十六进制
30          // 整数
30u         // 无符号整数
30l         // 长整数
30ul        // 无符号长整数
```

(2)浮点常量 浮点常量由整数部分、小数点、小数部分和指数部分组成。可以使用小数形式或者指数形式来表示浮点常量。当使用小数形式表示时,必须包含整数部分、小数部分,或同时包含两者。当使用指数形式表示时,必须包含小数点、指数,或同时包含两者。带符号的指数是用 e 或 E 引入的。下面列举几个浮点常量的示例:

```
3.14159         // 合法的
314159E-5L      // 合法的
510E            // 非法的:不完整的指数
210f            // 非法的:没有小数或指数
.e55            // 非法的:缺少整数或分数
```

(3)布尔常量 布尔常量共有两个,它们都是标准的 C++关键字:true 值(代表真)、false 值(代表假)。

(4)字符常量 字符常量括在单引号中。如果常量以 L(仅当大写时)开头,则表示它是一个宽字符常量（例如 L'x'），此时它必须存储在 wchar_t 类型的变量中。否则，它就是一个窄字符常量（例如 'x'），此时它可以存储在 char 类型的简单变量中。

字符常量可以是一个普通的字符（例如 'x'）、一个转义序列（例如 '\t'），或者一个通用的字符（例如'\u02C0'）。在 C++中有一些特定的字符，当它们前面有反斜杠时，就具有特殊的含义，被用来表示换行符（\n）或制表符（\t）等。下面的示例显示了转义序列字符：

```
#include <iostream>
using namespace std;
int main()
{
    cout << "Hello \tWorld \n \n";
    return 0;
}
```

（5）字符串常量　字符串常量是括在双引号" "中的。一个字符串包含类似于字符常量的字符：普通的字符、转义序列字符和通用的字符。可以使用"\"进行分隔，把一个很长的字符串常量分行。下面的示例显示了字符串常量：

```
#include <iostream>
#include <string>
using namespace std;
int main() {
    string greeting = "hello, runoob";
    cout << greeting;
    cout << "\n";    // 换行符
    string greeting2 ="hello, \
                      runoob";
    cout << greeting2;
    return 0;
}
```

（6）定义常量　在 C++中有两种简单的定义常量的方式：
1）使用#define 预处理器。
2）使用 const 关键字。

（7）#define 预处理器　当某个常量引用起来比较复杂而又经常要被用到时，可以将该常量定义为符号常量，也就是分配一个符号给这个常量，在以后的引用中，这个符号就代表了实际的常量。这种用一个指定的名字代表的一个常量称为符号常量，即带名字的常量。在C++的语言世界里，使用#define 预处理器定义常量的格式为：#define 常量符号常量。一般情况下，该定义要在 main()函数之前。在编译之前，系统会把所有的符号常量替换成常量，所以称为预处理。下面是示例代码：

```
#include <iostream>
using namespace std;
#define LENGTH 10
#define WIDTH 5
#define NEWLINE '\n'
int main()
{
    int area;
    area = LENGTH * WIDTH;
    cout << area;
    cout << NEWLINE;
    return 0;
}
```

(8) const 关键字　可以使用 const 关键字声明指定类型的常量，格式为：const 常量类型 常量符号=常量值。示例代码如下：

```
#include <iostream>
using namespace std;
int main()
{
    const int LENGTH = 10;
    const int WIDTH = 5;
    const char NEWLINE = '\n';
    int area;
    area = LENGTH * WIDTH;
    cout << area;
    cout << NEWLINE;
    return 0;
}
```

注意：一般，符号常量习惯使用大写字母的形式。

4.1.4　运算符

1. 数值运算符

假设变量 A 的值为 10，变量 B 的值为 20，则：

加：把两个操作数相加，例如，A+B 将得到 30。

减：从第一个操作数中减去第二个操作数，例如，A-B 将得到-10。

乘：把两个操作数相乘，例如，A*B 将得到 200。

除：分子除以分母，例如，B/A 将得到 2。

取模：整数相除后的余数，例如，B % A 将得到 0。
累计加：自增运算，整数值加 1，例如，A++将得到 11。
累计减：自减运算，整数值减 1，例如，A--将得到 9。
示例代码如下：

```cpp
#include <iostream>
using namespace std;
int main()
{
    int a = 21;
    int b = 10;
    int c;
    c = a + b;
    cout << "Line 1 - c 的值是 " << c << endl;
    c = a - b;
    cout << "Line 2 - c 的值是 " << c << endl;
    c = a * b;
    cout << "Line 3 - c 的值是 " << c << endl;
    c = a / b;
    cout << "Line 4 - c 的值是 " << c << endl;
    c = a % b;
    cout << "Line 5 - c 的值是 " << c << endl;
    int d = 10;    // 测试自增、自减
    c = d++;
    cout << "Line 6 - c 的值是 " << c << endl;
    d = 10;    // 重新赋值
    c = d--;
    cout << "Line 7 - c 的值是 " << c << endl;
    return 0;
}
```

2. 比较运算符

比较运算结果为 bool 型。

假设变量 A 的值为 10，变量 B 的值为 20，则：

相等：检查两个操作数的值是否相等，如果相等，则条件为真，例如，（A==B）不为真。

不等：检查两个操作数的值是否相等，如果不相等，则条件为真，例如，（A!=B）为真。

大于：检查左操作数的值是否大于右操作数的值，如果是，则条件为真，例如，（A>B）不为真。

小于：检查左操作数的值是否小于右操作数的值，如果是，则条件为真，例如，（A<B）为真。

大于或等于：检查左操作数的值是否大于或等于右操作数的值，如果是，则条件为真，例如，(A>=B) 不为真。

小于或等于：检查左操作数的值是否小于或等于右操作数的值，如果是，则条件为真，例如，(A<=B) 为真。

示例代码如下：

```cpp
#include <iostream>
using namespace std;
int main()
{
    int a = 21;
    int b = 10;
    int c;
    if ( a == b )
    {
        cout << "Line 1 - a 等于 b" << endl;
    }
    else
    {
        cout << "Line 1 - a 不等于 b" << endl;
    }
    if ( a < b )
    {
        cout << "Line 2 - a 小于 b" << endl;
    }
    else
    {
        cout << "Line 2 - a 不小于 b" << endl;
    }
    if ( a > b )
    {
        cout << "Line 3 - a 大于 b" << endl;
    }
    else
    {
        cout << "Line 3 - a 不大于 b" << endl;
    }
    /* 改变 a 和 b 的值 */
    a = 5;
```

```
   b = 20;
   if ( a <= b )
   {
      cout << "Line 4 - a 小于或等于 b" << endl;
   }
   if ( b >= a )
   {
      cout << "Line 5 - b 大于或等于 a" << endl;
   }
   return 0;
}
```

3. 逻辑运算符

假设变量 A 的值为 1，变量 B 的值为 0，则：

与（&&）：逻辑与运算符。如果两个操作数都为 true，则结果为 true，如（A && B）为 false。

或（||）：逻辑或运算符。如果两个操作数中有任意一个为 true，则结果为 true，如（A || B）为 true。

非（!）：逻辑非运算符，用来逆转操作数的逻辑状态，如果条件为 true，则逻辑非运算符将使其转变为 false，如!（A && B）为 true。

示例代码如下：

```
#include <iostream>
using namespace std;
int main()
{
   int a = 5;
   int b = 20;
   int c;
   if ( a && b )
   {
      cout << "Line 1 - 条件为真" << endl;
   }
   if ( a || b )
   {
      cout << "Line 2 - 条件为真" << endl;
   }
   /* 改变 a 和 b 的值 */
   a = 0;
```

```
    b = 10;
    if ( a && b )
    {
        cout << "Line 3 - 条件为真"<< endl;
    }
    else
    {
        cout << "Line 4 - 条件不为真"<< endl;
    }
    if ( ! (a && b) )
    {
        cout << "Line 5 - 条件为真"<< endl;
    }
    return 0;
}
```

4. 位运算符

位运算符作用于位，所以在进行位操作时需要先把数据转换为二进制，也就是只有 0 或 1 的值，并逐位执行操作。

位与（&）：
　　0&0=0；
　　0&1=0；
　　1&0=0；
　　1&1=1；

位或（|）：
　　0 | 0=0；
　　0 | 1=1；
　　1 | 0=1；
　　1 | 1=1；

位异或（^）：
　　0^0=0；
　　0^1=1；
　　1^0=1；
　　1^1=0；

取反（~）：
　　~1=-2；
　　~0=-1；

二进制左移（<<）：将一个运算对象的各二进制位全部左移若干位，左边的二进制位丢弃，右边补 0。

二进制右移（>>）：将一个数的各二进制位全部右移若干位，正数左补 0，负数左补 1，右边丢弃。

示例代码如下：

```cpp
#include <iostream>
using namespace std;
int main()
{
    unsigned int a = 60;     // 60 = 0011 1100
    unsigned int b = 13;     // 13 = 0000 1101
    int c = 0;
    c = a & b;       // 12 = 0000 1100
    cout << "Line 1 - c 的值是 " << c << endl;
    c = a | b;       // 61 = 0011 1101
    cout << "Line 2 - c 的值是 " << c << endl;
    c = a ^ b;       // 49 = 0011 0001
    cout << "Line 3 - c 的值是 " << c << endl;
    c = ~a;          // -61 = 1100 0011
    cout << "Line 4 - c 的值是 " << c << endl;
    c = a << 2;      // 240 = 1111 0000
    cout << "Line 5 - c 的值是 " << c << endl;
    c = a >> 2;      // 15 = 0000 1111
    cout << "Line 6 - c 的值是 " << c << endl;
    return 0;
}
```

5. 各类赋值运算符

赋值（=）：简单的赋值，把右边操作数的值赋给左边操作数，例如，C=A+B 将把 A+B 的值赋给 C。

加赋值（+=）：加且赋值，把右边操作数加上左边操作数的结果赋值给左边操作数，例如，C+=A 相当于 C=C+A。

减赋值（-=）：减且赋值，把左边操作数减去右边操作数的结果赋值给左边操作数，例如，C-=A 相当于 C=C-A。

乘赋值（*=）：乘且赋值，把右边操作数乘以左边操作数的结果赋值给左边操作数，例如，C*=A 相当于 C=C*A。

除赋值（/=）：除且赋值，把左边操作数除以右边操作数的结果赋值给左边操作数，例如，C/=A 相当于 C=C/A。

模赋值（%=）：求模且赋值，求两个操作数的模并赋值给左边操作数，例如，C%=A 相当于 C=C%A。

左移赋值（<<=）：左移且赋值，例如，C<<=2 等同于 C=C<<2。

右移赋值（>>=）：右移且赋值，例如，C>>=2 等同于 C=C>>2。

位与赋值（&=）：按位与且赋值，例如，C&=2 等同于 C=C&2。

位异或赋值（^=）：按位异或且赋值，例如，C^=2 等同于 C=C^2。
位或赋值（|=）：按位或且赋值，例如，C|=2 等同于 C=C|2。
示例代码如下：

```cpp
#include <iostream>
using namespace std;
int main()
{
  int a = 21;
  int c;
  c = a;
  cout << "Line 1 - = 运算符实例, c 的值 = : " << c << endl;
  c += a;
  cout << "Line 2 - += 运算符实例, c 的值 = : " << c << endl;
  c -= a;
  cout << "Line 3 - -= 运算符实例, c 的值 = : " << c << endl;
  c *= a;
  cout << "Line 4 - *= 运算符实例, c 的值 = : " << c << endl;
  c /= a;
  cout << "Line 5 - /= 运算符实例, c 的值 = : " << c << endl;
  c = 200;
  c %= a;
  cout << "Line 6 - %= 运算符实例, c 的值 = : " << c << endl;
  c <<= 2;
  cout << "Line 7 - <<= 运算符实例, c 的值 = : " << c << endl;
  c >>= 2;
  cout << "Line 8 - >>= 运算符实例, c 的值 = : " << c << endl;
  c &= 2;
  cout << "Line 9 - &= 运算符实例, c 的值 = : " << c << endl;
  c ^= 2;
  cout << "Line 10 - ^= 运算符实例, c 的值 = : " << c << endl;
  c |= 2;
  cout << "Line 11 - |= 运算符实例, c 的值 = : " << c << endl;
  return 0;
}
```

6. 特殊运算符

sizeof 运算符：返回变量的大小。例如，sizeof（a）将返回4，其中 a 是整数。

条件运算符：如果条件为真，则值为：前的部分，否则值为：后的部分。

逗号运算符：会顺序执行一系列运算，整个逗号表达式的值是以逗号分隔的列表中的最后一个表达式的值。

成员运算符：用于引用类、结构和共用体的成员。

强制转换运算符：把一种数据类型转换为另一种数据类型。例如，int（2.2000）将返回2。

& 指针运算符：返回变量的地址。例如，&a 将给出变量的实际地址。

＊指针运算符：指向一个变量。例如，＊var；将指向变量 var。

7. 优先级

运算符的优先级会确定表达式中项的组合，这会影响一个表达式的计算方式。某些运算符比其他运算符有更高的优先级，如乘除运算符具有比加减运算符更高的优先级。例如，x=7+3＊2，在这里 x 被赋值为13，而不是20，因为运算符"＊"具有比"+"更高的优先级，所以首先计算乘法3＊2，然后加上7。

表 4-5 按优先级从高到低的顺序列出，具有较高优先级的运算符出现在表格的上面，具有较低优先级的运算符出现在表格的下面。在表达式中，较高优先级的运算符会优先被计算。

表 4-5 运算符优先级

类 别	运 算 符	结 合 性
后缀	()、[]、->、.、++、--	从左到右
一元	+、-、!、~、++、--、(type)、＊、&、sizeof	从右到左
乘除	＊、/、%	从左到右
加减	+、-	从左到右
移位	<<、>>	从左到右
关系	<、<=、>、>=	从左到右
相等	==、!=	从左到右
位与（AND）	&	从左到右
位异或（XOR）	^	从左到右
位或（OR）	|	从左到右
逻辑与（AND）	&&	从左到右
逻辑或（OR）	||	从左到右
条件	?:	从右到左
赋值	=、+=、-=、＊=、/=、%=、>>=、<<=、&=、^=、|=	从右到左
逗号	,	从左到右

练习与思考

操作题

1. 编写程序，从键盘输入个数不确定的整数，求出输入的数的个数和它们的积，0 不参与计数。当输入为 0 时，程序结束。

提示：从键盘输入的参考代码如下：

```cpp
#include <iostream>
using namespace std;
int main()
{
    short int a;
    cout<<"请输入一个短整型:";
    cin>>a;
    cout<<"你输入的是:"<<a<<endl;
    return 0;
}
```

2. Jack 生病了，医生说他发烧到 101 华氏度，他以为自己病得很严重。请将其体温转换为摄氏度，并告诉他是否病得很严重。（摄氏度 =（5/9）×（华氏度−32））。

3. 通过键盘输入 5 个学生的成绩，然后求取 5 个学生的平均成绩。

任务 4.2　学习 C++ 流程控制

 任务目标

1. 掌握顺序结构、分支结构与循环结构的概念。
2. 掌握分支结构的语法与使用条件。
3. 掌握循环结构的语法与使用条件。

 任务描述

语句是 C 程序的基本单位，程序运行的过程就是执行程序语句的过程。程序语句执行的次序称为流程控制（或控制流程）。流程控制的结构有顺序结构、分支结构和循环结构 3 种。例如生产线上零件的流动过程，应该顺序地从一个工序流向下一个工序，这就是顺序结构。但当检测不合格时，就需要从这道工序中退出，或继续在这道工序中再加工，直到检测通过为止，这就是分支结构和循环结构。

任务分析

通过对流程控制的介绍，根据理论与代码实践相结合的方式，读者应掌握 C++ 的顺序结构、分支结构和循环结构的语法与使用条件。

4.2.1　C++循环语句

一般情况下，语句是顺序执行的：函数中的第一个语句先执行，接着执行第二个语句，以此类推。编程语言提供了允许更复杂的执行路径的多种控制结构，循环语句允许多次执行一个语句或语句组图 4-1 所示是大多数编程语言中循环语句的一般形式。

C++语言提供了以下几种循环类型。

1. while 循环

只要给定的条件为真，while 循环语句就会重复执行一个目标语句。在 C++中，while 循环的语法如下：

```
while(condition)
{
   statement(s);
}
```

在这里，statement（s）可以是一个单独的语句，也可以是几个语句组成的代码块。condition 可以是任意的表达式，当为任意非零值时都为真。当条件为真时，执行循环；当条件为假时，程序流将继续执行紧接着循环的下一个语句。流程图如图 4-2 所示。

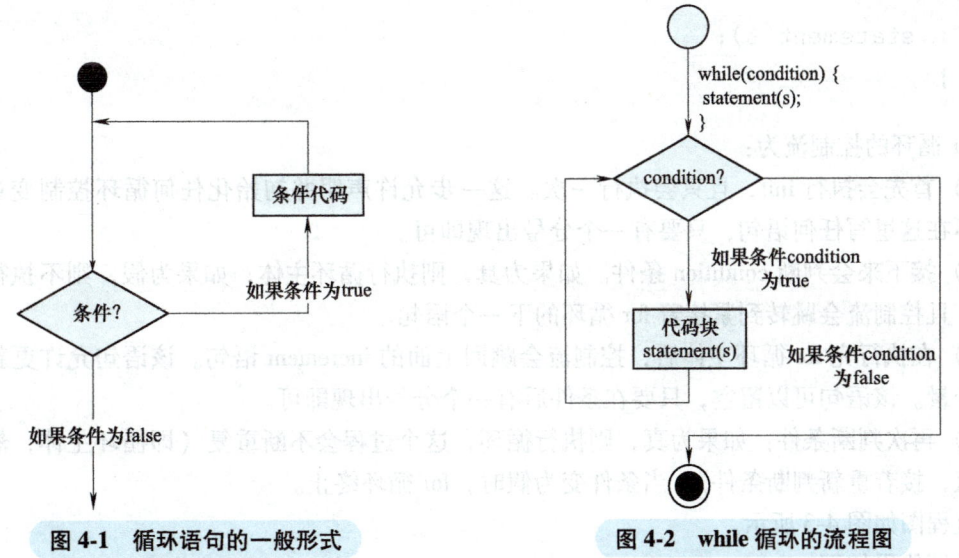

图 4-1　循环语句的一般形式　　　　图 4-2　while 循环的流程图

在这里，while 循环的关键点是循环可能一次都不会执行。当条件被测试且结果为假时，会跳过循环主体，直接执行紧接着 while 循环的下一个语句。示例代码如下：

```
#include <iostream>
using namespace std;

int main ()
```

```
{
    // 局部变量声明
    int a = 10;

    // while 循环执行
    while(a < 20)
    {
        cout << "a 的值:" << a << endl;
        a++;
    }

    return 0;
}
```

2. for 循环

for 循环允许编写一个执行特定次数的循环的重复控制结构。在 C++中，for 循环的语法如下：

```
for (init; condition; increment)
{
    statement(s);
}
```

for 循环的控制流为：

1）首先会执行 init，且只会执行一次。这一步允许声明并初始化任何循环控制变量。也可以不在这里写任何语句，只要有一个分号出现即可。

2）接下来会判断 condition 条件。如果为真，则执行循环主体；如果为假，则不执行循环主体，且控制流会跳转到紧接着 for 循环的下一个语句。

3）在执行完 for 循环主体后，控制流会跳回上面的 increment 语句。该语句允许更新循环控制变量。该语句可以留空，只要在条件后有一个分号出现即可。

4）再次判断条件：如果为真，则执行循环，这个过程会不断重复（即循环主体，然后增加步值，接着重新判断条件）。当条件变为假时，for 循环终止。

流程图如图 4-3 所示。

示例代码如下：

```
#include <iostream>
using namespace std;

int main ()
{
    // for 循环执行
```

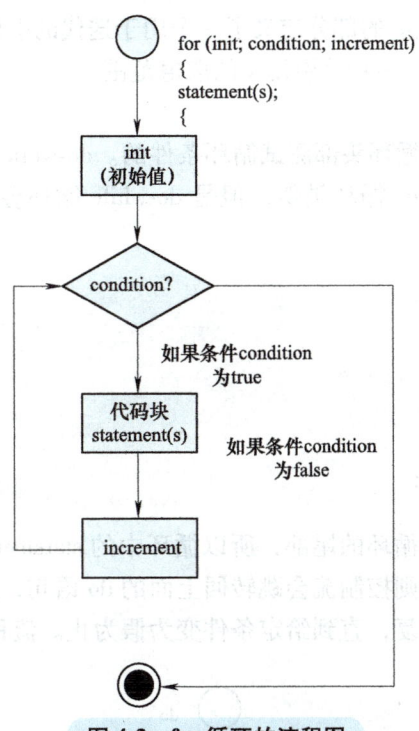

图 4-3 for 循环的流程图

```
for( int a = 10; a < 20; a = a + 1)
{
    cout << "a 的值:" << a << endl;
}
return 0;
}
```

此外，for 循环允许简单的范围迭代，代码如下：

```
int my_array[5] = {1,2,3,4,5};
// 每个数组元素乘以 2
for ( int &x : my_array)
{
    x *= 2;
    cout << x << endl;
}
// auto 类型也是 C++ 11 新标准中的,用来自动获取变量的类型
for ( auto &x : my_array) {
    x *= 2;
    cout << x << endl;
}
```

上面for循环语句":"之前的部分定义了一个用于迭代的引用x，其作用域仅限于循环范围内；而在":"之后的部分，表示该引用x的取值范围。

3. do-while 循环

for循环和while循环是在循环头部测试循环条件的。do-while循环是在循环的尾部检查它的条件的。do-while循环与while循环类似，但是do-while循环会确保至少执行一次循环。语法如下：

```
do
{
   statement(s);

}while(condition);
```

注意：条件表达式出现在循环的尾部，所以循环中的statement(s)在条件被测试之前至少执行一次。如果条件为真，则控制流会跳转回上面的do语句，然后重新执行循环中的statement(s)。这个过程会不断重复，直到给定条件变为假为止。流程图如图4-4所示。

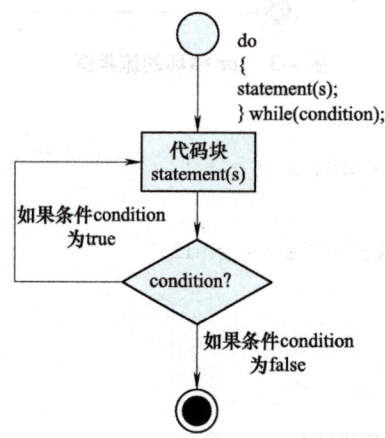

图4-4 do-while循环的流程图

示例代码如下：

```
#include <iostream>
using namespace std;
int main ()
{
   // 局部变量声明
   int a = 10;
   // do 循环执行
   do
   {
```

```
        cout << "a 的值:" << a << endl;
        a = a + 1;
    }while(a < 20);
    return 0;
}
```

4. 嵌套循环

一个循环内可以嵌套另一个循环。C++允许至少 256 个嵌套层次。

1）嵌套 for 循环语句的语法如下：

```
for(init;condition;increment)
{
  for(init;condition;increment)
  {
    statement(s);
  }
  statement(s);// 可以放置更多的语句
}
```

2）嵌套 while 循环语句的语法如下：

```
while(condition)
{
  while(condition)
  {
    statement(s);
  }
  statement(s);// 可以放置更多的语句
}
```

3）嵌套 do-while 循环语句的语法如下：

```
do
{
  statement(s);// 可以放置更多的语句
  do
  {
    statement(s);
  }while(condition);
}while(condition);
```

值得注意的是,可以在任何类型的循环内嵌套其他任何类型的循环。例如,一个 for 循环可以嵌套在一个 while 循环内,反之亦然。

5. 循环控制

循环控制语句可更改执行的正常序列。当执行离开一个范围时,所有在该范围中创建的自动对象都会被销毁。C++提供了下列控制语句:

(1) break 语句　break 语句可终止 loop 或 switch 语句,程序流将继续执行紧接着 loop 或 switch 的下一条语句。有以下两种用法:

1) 当 break 语句出现在一个循环内时,循环会立即终止,且程序流将继续执行紧接着循环的下一条语句。

2) 它可用于终止 switch 语句中的一个 case。

如果使用的是嵌套循环(即一个循环内嵌套另一个循环),那么 break 语句会停止执行最内层的循环,然后开始执行该块之后的下一行代码。

示例代码如下:

```cpp
#include <iostream>
using namespace std;
int main()
{
    // 局部变量声明
    int a = 10;
    // do 循环执行
    do
    {
        cout << "a 的值:" << a << endl;
        a = a + 1;
        if(a > 15)
        {
            // 终止循环
            break;
        }
    }while(a < 20);
    return 0;
}
```

(2) continue 语句　continue 语句可引起循环跳过主体的剩余部分,立即重新开始测试条件。continue 语句有点像 break 语句,但它不是强迫终止,而是会跳过当前循环中的代码,强迫开始下一次循环。对于 for 循环,continue 语句会导致执行条件测试和循环增量部分。对于 while 和 do-while 循环,continue 语句会导致程序控制回到条件测试上。

示例代码如下:

```cpp
#include <iostream>
using namespace std;
int main()
{
    // 局部变量声明
    int a = 10;
    // do 循环执行
    do
    {
        if(a == 15)
        {
            // 跳过迭代
            a = a + 1;
            continue;
        }
        cout << "a 的值:" << a << endl;
        a = a + 1;
    }while(a < 20);
    return 0;
}
```

（3）goto 语句　goto 语句可将控制转移到被标记的语句。但是不建议在程序中使用 goto 语句。

4.2.2　C++判断语句

判断语句要求程序员指定一个或多个要评估或测试的条件，以及条件为真时要执行的语句（必需的）和条件为假时要执行的语句（可选的）。图 4-5 所示是大多数编程语言中典型的判断语句的一般形式。

1. if 语句

一个 if 语句由一个布尔表达式，后跟一个或多个语句组成。语法如下：

```
if(布尔表达式)
{
    // 布尔表达式为真,将执行的语句
}
```

如果布尔表达式为 true，则 if 语句内的代码块将被执行。如果布尔表达式为 false，则 if 语句结束后的第一组代码（闭括号后）将被执行。C++语言把任何非零和非空的值假定为 true，把零或空假定为 false。if 语句判断流程图如图 4-6 所示。

147

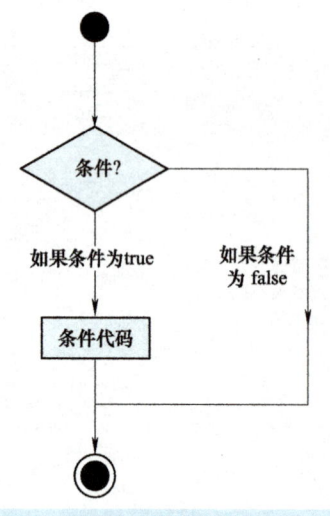

图 4-5 典型的判断语句的一般形式

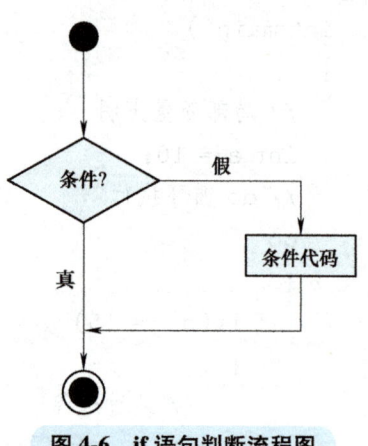

图 4-6 if 语句判断流程图

示例代码如下:

```
#include <iostream>
using namespace std;

int main()
{
    // 局部变量声明
    int a = 10;
     // 使用 if 语句检查布尔条件
    if( a < 20 )
    {
        // 如果条件为真,则输出下面的语句
        cout << "a 小于 20" << endl;
    }
    cout << "a 的值是 " << a << endl;
    return 0;
}
```

2. if-else 判断语句

一个 if 语句后可跟一个可选的 else 语句,else 语句在布尔表达式为假时执行。语法如下:

```
if(布尔表达式)
{
    // 布尔表达式为真,将执行的语句
```

```
}
else
{
    // 布尔表达式为假,将执行的语句
}
```

如果布尔表达式为 true，则执行 if 语句内的代码。如果布尔表达式为 false，则执行 else 语句内的代码。流程图如图 4-7 所示。

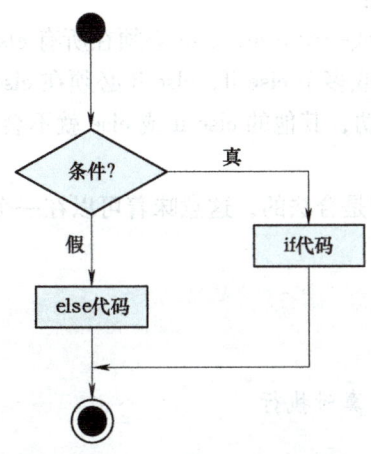

图 4-7　if-else 判断语句的流程图

示例代码如下：

```
#include <iostream>
using namespace std;

int main()
{
    // 局部变量声明
    int a = 100;

    // 检查布尔条件
    if(a < 20)
    {
        // 如果条件为真,则输出下面的语句
        cout << "a 小于 20" << endl;
    }
    else
    {
        // 如果条件为假,则输出下面的语句
```

```
            cout << "a 大于 20" << endl;
        }
        cout << "a 的值是 " << a << endl;

        return 0;
    }
```

一个 if 语句后可跟一个可选的 else if-else 语句,用于测试多种条件。当使用 if…else if…else 语句时,需要注意以下几点:

1) 一个 if 语句后可跟零个或一个 else, else 必须在所有 else if 之后。
2) 一个 if 语句后可跟零个或多个 else if, else if 必须在 else 之前。
3) 一旦某个 else if 匹配成功,其他的 else if 或 else 就不会被测试。

3. 嵌套 if 语句

在 C++ 中,嵌套 if-else 语句是合法的,这意味着可以在一个 if 或 else if 语句内使用另一个 if 或 else if 语句。语法如下:

```
    if(布尔表达式 1)
    {
      // 当布尔表达式 1 为真时执行
      if(布尔表达式 2)
      {
          // 当布尔表达式 2 为真时执行
      }
    }
```

可以嵌套 else if-else,方式与嵌套 if 语句相似。示例代码如下:

```
    #include <iostream>
    using namespace std;

    int main()
    {
      // 局部变量声明
      int a = 100;
      int b = 200;

      // 检查布尔条件
      if(a == 100)
      {
          // 如果条件为真,则检查下面的条件
```

```
            if(b == 200)
            {
                // 如果条件为真,则输出下面的语句
                cout << "a 的值是 100,且 b 的值是 200 " << endl;
            }
        }
        cout << "a 的准确值是 " << a << endl;
        cout << "b 的准确值是 " << b << endl;

        return 0;
    }
```

4. switch 分支语句

一个 switch 语句允许测试一个变量等于多个值时的情况。每个值称为一个 case，且被测试的变量会对每个 switch case 进行检查。语法如下：

```
switch(expression){
    case constant-expression:
        statement(s);
        break;// 可选的
    case constant-expression:
        statement(s);
        break;// 可选的

    // 可以有任意数量的 case 语句
    default: // 可选的
        statement(s);
}
```

switch 语句必须遵循下面的规则：

1）switch 语句中的 expression 必须是一个整型或枚举类型，或者是一个 class 类型。其中，class 有一个单一的转换函数将其转换为整型或枚举类型。

2）在一个 switch 中可以有任意数量的 case 语句。每个 case 语句都后跟一个要比较的值和一个冒号。

3）case 的 constant-expression 必须与 switch 中的变量具有相同的数据类型，且必须是一个常量或字面量。

4）当被测试的变量等于 case 中的常量时，case 后跟的语句将被执行，直到遇到 break 语句为止。

5）当遇到 break 语句时，switch 终止，控制流将跳转到 switch 语句后的下一行。

6）不是每一个 case 语句都需要包含 break 语句。如果 case 语句不包含 break 语句，那么控制流将会继续后续的 case 语句，直到遇到 break 语句为止。

7）一个 switch 语句可以有一个可选的 default case 出现在 switch 的结尾。default case 可在上面的所有 case 语句都不为真时执行一个任务。default case 中的 break 语句不是必需的。

流程图如图 4-8 所示。

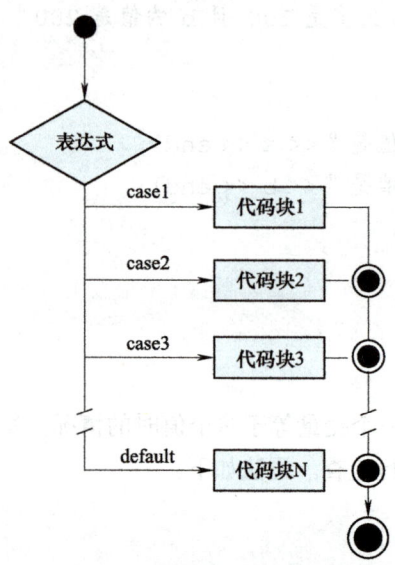

图 4-8　switch 分支语句的流程图

示例代码如下：

```cpp
#include <iostream>
using namespace std;

int main()
{
    // 局部变量声明
    char grade = 'D';

    switch(grade)
    {
    case 'A':
        cout << "很棒！" << endl;
        break;
    case 'B':
    case 'C':
        cout << "做得好" << endl;
        break;
    case 'D':
        cout << "您通过了" << endl;
```

```
        break;
    case 'F':
        cout << "最好再试一下" << endl;
        break;
    default :
        cout << "无效的成绩" << endl;
}
cout << "您的成绩是 " << grade << endl;
return 0;
}
```

5. 嵌套 switch 语句

可以把一个 switch 语句作为一个外部 switch 语句序列的一部分，即可以在一个 switch 语句内使用另一个 switch 语句。即使内部和外部 switch 的 case 常量包含共同的值，也不会出现矛盾。C++中的 switch 语句允许至少 256 个嵌套层次。语法如下：

```
switch(ch1) {
    case 'A':
        cout << "这个 A 是外部 switch 的一部分";
        switch(ch2) {
            case 'A':
                cout << "这个 A 是内部 switch 的一部分";
                break;
            case 'B': // 内部 B case 代码
        }
        break;
    case 'B': // 外部 B case 代码
}
```

6. 条件运算符"？:"

条件运算符"？:"可以用来替代 if-else 语句。它的一般语法形式如下：

```
Exp1 ? Exp2 : Exp3;
```

其中，Exp1、Exp2 和 Exp3 是表达式，应注意冒号的使用和位置。"？表达式"的值是由 Exp1 决定的。如果 Exp1 为真，则计算 Exp2 的值，结果即为整个"？表达式"的值。如果 Exp1 为假，则计算 Exp3 的值，结果即为整个"？表达式"的值。

 练习与思考

一、操作题

1. 计算 100 之内的奇数之和。

2. 如果0~6的整数分别代表周日~周六，输入一个数字，在屏幕上输出它代表的是星期几。
3. 重复从键盘输入值，并输出它的平方，直到该值为0。
4. 从键盘输入10个整数，求它们的平方根，遇到负数就终止程序。
5. 从键盘输入10个整数，求它们的平方根，遇到负数则忽略并重新输入下一个数。

二、综合应用题

编写一个程序，模拟具有加、减、乘、除4种功能的简单计算器。

任务4.3　学习C++函数

 任务目标

1. 掌握函数的作用。
2. 掌握函数定义与声明的语法。
3. 掌握函数参数的概念与返回值。
4. 掌握函数调用的方法。
5. 掌握各种类型函数的定义与使用方式。

 任务描述

C++程序是由一个主函数和零个或者多个其他函数组成的。函数就是一些C++语句的集合，用来实现某一特定的功能。可将一段经常需要使用的代码封装起来形成函数，在需要时直接调用，这使编程方便许多，通过函数之间的相互调用来实现程序的总体功能。本任务介绍函数的定义与声明、调用以及参数传递等基本操作。

 任务分析

本任务将理论与实践代码结合，分别讲解函数定义、函数声明与函数调用等。

4.3.1　函数定义

函数是一组在一起执行一个任务的语句。每个C++程序都至少有一个函数，即主函数main()，所有简单的程序都可以定义其他额外的函数。可以把代码划分到不同的函数中。如何划分代码到不同的函数中是由程序员来决定的，但在逻辑上，划分通常是根据每个函数执行的特定任务来进行的。函数声明告诉编译器函数的名称、返回类型和参数。函数定义提供了函数的实际主体。C++标准库提供了大量的程序可以调用的内置函数。例如，函数strcat()用来连接两个字符串，函数memcpy()用来复制内存到另一个位置。

定义一个函数的语法如下：

```
return_type function_name(参数列表)
{
    函数主体
}
```

在C++中，函数由一个函数头和一个函数主体组成。一个函数的所有组成部分如下：

1）返回类型：一个函数可以返回一个值。return_ type 是函数返回值的数据类型。有些函数执行所需的操作后不返回值，在这种情况下，return_ type 是关键字 void。

2）函数名称：这是函数的实际名称。函数名和参数列表一起构成了函数签名。

3）参数：参数就像是占位符。当函数被调用时，向参数传递一个值，这个值称为实际参数。参数列表包括函数参数的类型、顺序、数量。参数是可选的，也就是说，函数可能不包含参数。

4）函数主体：函数主体包含一组定义函数执行任务的语句。

以下是max( )函数的源代码。该函数有两个参数num1 和 num2，会返回这两个数中较大的那个数。

```
// 函数返回两个数中较大的那个数
int max(int num1,int num2)
{
  // 局部变量声明
  int result;
  if(num1 > num2)
      result = num1;
  else
      result = num2;
  return result;
}
```

4.3.2 函数声明

函数声明会告诉编译器函数名称及如何调用函数。函数的实际主体可以单独定义。函数声明语法为：return_ type function_ name（parameter list）；例如，要声明一个在两个整数值中求最大值的函数，函数名为 max，声明如下：

```
int max(int num1,int num2);
```

在函数声明中，参数的名称并不重要，只有参数的类型是必需的，因此，下面的示例也是有效的声明：

```
int max(int,int);
```

4.3.3 函数调用

1. 调用格式

创建C++函数时，会定义函数要做什么，然后通过调用函数来完成已定义的任务。当程序调用函数时，程序控制权会转移给被调用的函数，被调用的函数执行已定义的任务，当函数的返回语句被执行时，或到达函数的结束括号时，会把程序控制权交还给主程序。调用函数时传递所需参数，如果函数返回一个值，则可以存储返回值。例如：

```
#include <iostream>
using namespace std;

// 函数声明
int max(int num1,int num2);

int main()
{
    // 局部变量声明
    int a = 100;
    int b = 200;
    int ret;

    // 调用函数来获取最大值
    ret = max(a,b);

    cout << "Max value is : " << ret << endl;

    return 0;
}

// 函数返回两个数中较大的那个数
int max(int num1,int num2)
{
    // 局部变量声明
    int result;

    if(num1 > num2)
        result = num1;
    else
        result = num2;
    return result;
}
```

如果函数要使用参数，则必须声明接收参数值的变量。这些变量称为函数的形式参数。形式参数就像函数内的其他局部变量，在进入函数时被创建，退出函数时被销毁。

当调用函数时，有3种向函数传递参数的方式：

（1）传值调用　该方法把参数的实际值赋值给函数的形式参数。在这种情况下，修改函数内的形式参数对实际参数没有影响。默认情况下，C++使用传值调用方法来传递参数，这意味着函数内的代码不会改变用于调用函数的实际参数。

函数 swap( )的定义如下：

```cpp
// 函数定义
void swap(int x,int y)
{
  int temp;

  temp = x;/* 保存 x 的值 */
  x = y;   /* 把 y 赋值给 x */
  y = temp;/* 把 x 赋值给 y */

  return;
}
```

通过传递实际参数来调用函数 swap( )：

```cpp
#include <iostream>
using namespace std;

// 函数声明
void swap(int x,int y);

int main()
{
  // 局部变量声明
  int a = 100;
  int b = 200;

  cout << "交换前,a 的值:" << a << endl;
  cout << "交换前,b 的值:" << b << endl;

  // 调用函数来交换值
  swap(a,b);

  cout << "交换后,a 的值:" << a << endl;
  cout << "交换后,b 的值:" << b << endl;

  return 0;
}
```

（2）指针调用　该方法把参数的地址赋值给形式参数。在函数内，该地址用于访问调用中要用到的实际参数，即修改形式参数会影响实际参数。按指针传递值，参数指针被传递给函数，就像传递其他值给函数一样。因此，相应地在下面的函数 swap( )中，需要声明函数参数为指针类型，该函数用于交换参数所指向的两个整数变量的值。代码如下：

```
// 函数定义
void swap(int *x,int *y)
{
   int temp;
   temp = *x;     /* 保存地址 x 的值 */
   *x = *y;       /* 把 y 赋值给 x */
   *y = temp;     /* 把 x 赋值给 y */

   return;
}
```

通过指针传递值来调用函数 swap( )：

```
#include <iostream>
using namespace std;

// 函数声明
void swap(int *x,int *y);

int main()
{
   // 局部变量声明
   int a = 100;
   int b = 200;

   cout << "交换前,a 的值:" << a << endl;
   cout << "交换前,b 的值:" << b << endl;

   /* 调用函数来交换值
    * &a 表示指向 a 的指针,即变量 a 的地址
    * &b 表示指向 b 的指针,即变量 b 的地址
    */
   swap(&a,&b);

   cout << "交换后,a 的值:" << a << endl;
   cout << "交换后,b 的值:" << b << endl;

   return 0;
}
```

（3）引用调用　该方法把参数的引用赋值给形式参数。在函数内，该引用用于访问调用中要用到的实际参数，即修改形式参数会影响实际参数。按引用传递值，参数引用被传递给函数，就像传递其他值给函数一样。因此，相应地在下面的函数 swap( ) 中，需要声明函数参数为引用类型，该函数用于交换参数所指向的两个整数变量的值。代码如下：

```cpp
// 函数定义
void swap(int &x,int &y)
{
   int temp;
   temp = x;/* 保存地址 x 的值 */
   x = y;    /* 把 y 赋值给 x */
   y = temp;/* 把 x 赋值给 y  */

   return;
}
```

通过引用传递值来调用函数 swap( )：

```cpp
#include <iostream>
using namespace std;

// 函数声明
void swap(int &x,int &y);

int main()
{
   // 局部变量声明
   int a = 100;
   int b = 200;

     cout << "交换前,a 的值:" << a << endl;
   cout << "交换前,b 的值:" << b << endl;

   /* 调用函数来交换值 */
   swap(a,b);

   cout << "交换后,a 的值:" << a << endl;
   cout << "交换后,b 的值:" << b << endl;
   return 0;
```

```
}

// 函数定义
void swap(int &x,int &y)
{
   int temp;
   temp = x;/* 保存地址 x 的值 */
   x = y;   /* 把 y 赋值给 x */
   y = temp;/* 把 x 赋值给 y */
   
   return;
}
```

2. 参数的默认值

当定义一个函数时,可以为参数列表中后边的每一个参数指定默认值。当调用函数时,如果实际参数的值留空,则使用这个默认值。这是通过在函数定义中使用赋值运算符来为参数赋值的。调用函数时,如果未传递参数的值,则会使用默认值;如果指定了值,则会忽略默认值,使用传递值。示例代码如下:

```
#include <iostream>
using namespace std;

int sum(int a,int b=20)
{
   int result;
   
   result = a + b;
   
   return(result);
}

int main()
{
   // 局部变量声明
   int a = 100;
   int b = 200;
   int result;
   
   // 调用函数来添加值
```

```
    result = sum(a,b);
    cout << "Total value is :" << result << endl;

    // 再次调用函数
    result = sum(a);
    cout << "Total value is :" << result << endl;

    return 0;
}
```

3. Lambda 函数与表达式

C++ 11 提供了对匿名函数的支持,称为 Lambda 函数(也称 Lambda 表达式)。Lambda 表达式把函数看作对象。Lambda 表达式可以像对象一样使用,如可以将它们赋给变量和作为参数传递,还可以像函数一样对其求值。Lambda 表达式本质上与函数声明非常类似。Lambda 表达式具体的语法形式为:[capture] (parameters) ->return-type {body},例如:

```
[](int x,int y){ return x < y ;}
```

如果没有返回值,则可以表示为:[capture] (parameters) {body},例如:

```
[]{ ++global_x;}
```

在一个更为复杂的例子中,返回类型可以明确地被指定为:

```
[](int x,int y) -> int { int z = x + y;return z + x;}
```

本例中,一个临时的参数 z 被创建,用来存储中间结果。如同一般的函数,z 的值不会保留到下一次该函数再次被调用时。如果 Lambda 函数没有传回值(如 void),那么其返回类型可被完全忽略。在 Lambda 表达式内可以访问当前作用域的变量,这是 Lambda 表达式的闭包(Closure)行为。与 JavaScript 闭包不同,C++变量传递有传值和传引用的区别,可以通过前面的 [] 来指定:

[]:没有定义任何变量。使用未定义变量会引发错误。
[x, &y]:x 以传值方式传入(默认),y 以引用方式传入。
[&]:任何被使用到的外部变量都隐式地以引用方式加以引用。
[=]:任何被使用到的外部变量都隐式地以传值方式加以引用。
[&, x]:x 显式地以传值方式加以引用,其余变量以引用方式加以引用。
[=, &z]:z 显式地以引用方式加以引用,其余变量以传值方式加以引用。

需要注意:对于 [=] 或 [&] 的形式,Lambda 表达式可以直接使用 this 指针;但是,对于 [] 的形式,如果要使用 this 指针,则必须显式传入:

```
[this]() { this->someFunc();}();
```

练习与思考

操作题

编写一个函数来实现华氏温度向摄氏温度的转换，公式为 $C=(F-32)\times5/9$，F 表示华氏温度。要求用户在输入和输出数据时有提示。

任务 4.4 学习数组与字符串

 任务目标

1. 掌握数组和字符串的声明与赋值方式。
2. 掌握数组和字符串的常用操作。

任务描述

本任务介绍数组和字符串的声明和赋值语法格式、如何对数组和字符串进行相关操作以及它们的应用示例等。

任务分析

本任务从理论到代码实践，分别介绍数组的声明与赋值、如何访问数组元素、二维与多维数组的访问、数组中的指针、数组在函数中的用法，以及字符串的相关操作。

4.4.1 数组

一个 C++数组中的所有元素必须有相同的数据类型，而 JavaScript 数组中元素的数据类型可以混合。C++数组是包含若干个同一类型的变量的集合，在程序中，这些变量具有相同的名字，但是具有不同的下标，类似 array[0]、array[1]、array[2]、array[3]、array[4] 等这种形式。因此，数组是一个具有单一数据类型对象的集合。数组中的每一个数据都是数组中的一个元素，而且每一个元素都属于同一个数据类型。

1. 声明数组

在 C++中要声明一个数组，需要指定元素的类型和元素的数量，格式如下：

```
type arrayName [arraySize];
```

这称为一维数组。arraySize 必须是一个大于零的整数常量，type 可以是任意有效的 C++数据类型。例如，要声明一个类型为 double 的包含 10 个元素的数组 balance，声明语句如下：

```
double balance[10];
```

2. 初始化数组

在 C++中可以逐个初始化数组，也可以使用一个初始化语句，如下：

```
double balance[5] = {1000.0,2.0,3.4,7.0,50.0};
```

花括号 { } 之间值的数目不能大于数组声明时在方括号 [ ] 中指定的元素数目。如果省略掉了数组的大小，则数组的大小为初始化时元素的个数。因此，如果语句如下：

```
double balance[] = {1000.0,2.0,3.4,7.0,50.0};
```

此时将创建一个数组，它与前一个示例中所创建的数组是完全相同的。下面是一个为数组中某个元素赋值的示例：

```
balance[4] = 50.0;
```

上述语句把数组中第 5 个元素的值赋为 50.0。所有的数组都以 0 作为其第 1 个元素的索引，也称基索引，数组的最后 1 个索引值是数组的总大小减去 1。

3. 访问数组元素

数组元素可以通过数组名称加索引进行访问。元素的索引放在方括号内，跟在数组名称的后边。下面的示例使用了 3 个概念，即声明数组、赋值数组、访问数组。代码如下：

```
#include <iostream>
using namespace std;

#include <iomanip>
using std::setw;

int main()
{
    int n[ 10 ];// n 是一个包含 10 个整数的数组

    // 初始化数组元素
    for(int i = 0;i < 10;i++)
    {
        n[ i ] = i + 100;// 设置元素 i 为 i + 100
    }
    cout << "Element" << setw(13) << "Value" << endl;

    // 输出数组中每个元素的值
    for(int j = 0;j < 10;j++)
    {
        cout << setw(7)<< j << setw(13) << n[ j ] << endl;
    }

    return 0;
}
```

4. 多维数据

前面介绍的都是一维数组的声明和赋值方式，下面介绍多维数组，也就是二维数组、三维数组或更多维度的数组。

一维数组只有一个下标。但是在应用中，有可能用到大于一维的数组，例如，存储 4 个学生的 5 门课的成绩，此时，数据需要按照行和列来排列。第 1 行是第 1 个学生 5 门课的成绩，第 2 行是第 2 个学生 5 门课的成绩，以此类推。显然第 1 列的数据应该是 4 个学生各自的第 1 门课的成绩，第 2 列的数据应该是 4 个学生各自的第 2 门课的成绩，以此类推。使用二维数组可以很好地处理类似的问题。二维数组就是含有两个下标的数组，第 1 个下标代表行下标，第 2 个下标代表列下标。声明格式如下：

```
type arrayName [ x ][ y ];
```

其中，type 可以是任意有效的 C++数据类型，arrayName 是一个有效的 C++标识符。一个二维数组可以被认为是一个带有 x 行和 y 列的表格。以下是一个二维数组，包含 3 行和 4 列，如图 4-9 所示。

	Column 0	Column 1	Column 2	Column 3
Row 0	a[0][0]	a[0][1]	a[0][2]	a[0][3]
Row 1	a[1][0]	a[1][1]	a[1][2]	a[1][3]
Row 2	a[2][0]	a[2][1]	a[2][2]	a[2][3]

图 4-9 二维数组

数组中的每个元素都是使用形式为 a[i, j] 的元素名称来标识的，其中 a 是数组名称，i 和 j 是唯一标识 a 中每个元素的下标。如何初始化二维数组呢？

多维数组可以通过在括号内为每行指定值来进行初始化。以下是一个带有 3 行 4 列的数组。代码如下：

```
int a[3][4] = {
{0,1,2,3},    /* 初始化索引号为 0 的行 */
{4,5,6,7},    /* 初始化索引号为 1 的行 */
{8,9,10,11}   /* 初始化索引号为 2 的行 */
};
```

其中，内部嵌套的括号是可选的，下面代码的初始化与上面是等同的：

```
int a[3][4] = {0,1,2,3,4,5,6,7,8,9,10,11};
```

二维数组中的元素是通过使用下标（即数组的行索引和列索引）来访问的，代码如下：

```
int val = a[2][3];
```

上面的语句将获取数组中第 3 行的第 4 个元素。下面的程序将使用嵌套循环来处理二维数组，代码如下：

```cpp
#include <iostream>
using namespace std;

int main()
{
    // 一个带有 5 行 2 列的数组
    int a[5][2] = { {0,0},{1,2},{2,4},{3,6},{4,8}};

    // 输出数组中每个元素的值
    for(int i = 0;i < 5;i++)
        for(int j = 0;j < 2;j++)
        {
            cout << "a[" << i <<"][" << j <<"]: ";
            cout << a[i][j]<< endl;
        }

    return 0;
}
```

随着数组维数的增加，数组中元素的个数呈几何级数增长，这会受到内存容量的限制，使用起来比较复杂，所以一般三维以上的数组就很少使用了。

5. 指向数组的指针

C++的指针既简单，又有趣。使用指针可以简化一些C++编程任务，还有一些任务，如动态内存分配，没有指针是无法执行的。所以，想要成为一名优秀的C++程序员，学习指针是很有必要的。每一个变量都有一个内存位置，每一个内存位置都定义了可使用连字号（&）运算符访问的地址，它表示在内存中的一个地址。下面的示例代码将输出定义的变量地址：

```cpp
#include <iostream>

using namespace std;

int main()
{
    int   var1;
    char var2[10];

    cout << "var1 变量的地址：";
    cout << &var1 << endl;

    cout << "var2 变量的地址：";
```

```
    cout << &var2 << endl;

    return 0;
}
```

通过上面的示例,我们了解了什么是内存地址以及如何访问它。接下来介绍指针。指针是一个变量,其值为另一个变量的地址,即内存位置的直接地址。

指针变量声明的一般语法形式为:type * var-name;这里,type 是指针的基类型,它必须是一个有效的 C++数据类型,var-name 是指针变量的名称,用来声明指针的星号(*)与乘法中使用的星号是相同的。在这个语句中,星号用来指定一个变量是指针。以下是有效的指针声明:

```
int     *ip;    /* 一个整型的指针 */
double  *dp;    /* 一个 double 型的指针 */
float   *fp;    /* 一个浮点型的指针 */
char    *ch;    /* 一个字符型的指针 */
```

所有指针的值的实际数据类型,不管是整型、浮点型、字符型,还是其他的数据类型,都是一个代表内存地址的十六进制数。不同数据类型的指针之间唯一不同的是,指针所指向的变量或常量的数据类型不同。使用指针时会频繁进行以下几个操作:定义一个指针变量、把变量地址赋值给指针、访问指针变量中可用地址的值。可以通过使用一元运算符 * 来返回位于操作数所指定地址的变量的值。了解了这些基本概念后,再来介绍数组指针。

数组名是指向数组中第 1 个元素的常量指针。因此,在下面的声明中:

```
double runoobAarray[50];
```

runoobAarray 是一个指向 &runoobAarray[0] 的指针,即数组 runoobAarray 的第 1 个元素的地址。因此,下面的程序片段把 p 赋值为 runoobAarray 中第 1 个元素的地址:

```
double *p;
double runoobAarray[10];

p = runoobAarray;
```

使用数组名作为常量指针是合法的,反之亦然。因此,*(runoobAarray + 4)是一种访问 runoobAarray[4] 数据的合法方式。一旦把第 1 个元素的地址存储在 p 中,就可以使用 *p、*(p+1)、*(p+2) 等来访问数组元素。见下面示例代码:

```
#include <iostream>
using namespace std;

int main()
```

```
{
    // 带有 5 个元素的双精度浮点型数组
    double runoobAarray[5] = {1000.0,2.0,3.4,17.0,50.0};
    double *p;

    p = runoobAarray;

    // 输出数组中每个元素的值
    cout << "使用指针的数组值" << endl;
    for(int i = 0;i < 5;i++)
    {
        cout << "*(p + " << i << ") : ";
        cout << *(p + i) << endl;
    }

    cout << "使用 runoobAarray 作为地址的数组值" << endl;
    for(int i = 0;i < 5;i++)
    {
        cout << "*(runoobAarray + " << i << ") : ";
        cout << *(runoobAarray + i) << endl;
    }

    return 0;
}
```

在上面的示例中，p 是一个指向 double 型的指针，这意味着它可以存储一个 double 类型的变量。一旦有了 p 中的地址，*p 将给出存储在 p 中相应地址的值，正如上面示例中所演示的。

6. 传递数组给函数

C++中可以通过指定不带索引的数组名来传递一个指向数组的指针。C++传递数组给一个函数，数组类型自动转换为指针类型，因而实际传递的是地址。如果想要在函数中传递一个一维数组作为参数，则必须以下面 3 种方式来声明函数形式参数。这 3 种声明方式的结果是一样的，因为每种方式都会告诉编译器将要接收一个整型指针。同样地，也可以传递一个多维数组作为形式参数。

方式一：形式参数是一个指针。

```
void myFunction(int *param)
{
...
}
```

方式二：形式参数是一个已定义大小的数组。

```
void myFunction(int param[10])
{
...
}
```

方式三：形式参数是一个未定义大小的数组。

```
void myFunction(int param[])
{
...
}
```

下面代码中的函数把数组作为参数，同时还传递了另一个参数，根据所传的参数返回数组中各元素的平均值：

```
double getAverage(int arr[],int size)
{
  int     i,sum = 0;
  double avg;

  for(i = 0;i < size;++i)
  {
    sum += arr[i];
  }

  avg = double(sum) / size;

  return avg;
}
```

函数调用如下：

```
#include <iostream>
using namespace std;

// 函数声明
double getAverage(int arr[],int size);
int main()
{
  // 带有 5 个元素的整型数组
  int balance[5] = {1000,2,3,17,50};
```

```
    double avg;

    // 传递一个指向数组的指针作为参数
    avg = getAverage(balance,5) ;

    // 输出返回值
    cout << "平均值是:" << avg << endl;

    return 0;
}
```

7. 从函数返回数组

C++不允许返回一个完整的数组,但是可以通过指定不带索引的数组名来返回一个指向数组的指针。如果想要从函数返回一个一维数组,则必须声明一个返回指针的函数。示例代码如下:

```
#include <iostream>
#include <cstdlib>
#include <ctime>

using namespace std;

// 要生成和返回随机数的函数
int * getRandom()
{
    static int  r[10];

    // 设置种子
    srand((unsigned)time(NULL));
    for(int i = 0;i < 10;++i)
    {
        r[i] = rand();
        cout << r[i] << endl;
    }

    return r;
}

// 要调用上面定义函数的主函数
```

```
int main()
{
  // 一个指向整数的指针
  int *p;

  p = getRandom();
  for(int i = 0;i < 10;i++)
  {
      cout << "*(p+" << i << ") : ";
      cout << *(p + i) << endl;
  }

  return 0;
}
```

4.4.2 字符串

1. C 风格字符串

C 风格字符串起源于 C 语言，并在 C++中得到支持。字符串实际上是使用 null 字符"\0"终止的一维字符数组。因此，一个以 null 结尾的字符串包含了组成字符串的字符。下面的声明和初始化创建了一个 RUNOOB 字符串。由于在数组的末尾存储了空字符，所以字符数组的大小比单词 RUNOOB 的字符数多一个。

```
char site[7] = {'R','U','N','O','O','B','\0'};
```

依据数组初始化规则，可以把上面的语句写成以下语句：

```
char site[] = "RUNOOB";
```

不需要把 null 字符放在字符串常量的末尾，C++编译器会在初始化数组时自动把"\0"，放在字符串的末尾。

2. C++中的 string 类

C++标准库提供了 string 类型，另外还增加了其他更多的功能。学习 C++标准库中的这个类，先看看下面这个示例，代码如下，旨在理解和掌握 string 类的各种操作。

```
#include <iostream>
#include <string>

using namespace std;
int main()
{
```

```
    string str1 = "runoob";
    string str2 = "google";
    string str3;
    int    len ;

    // 复制 str1 到 str3
    str3 = str1;
    cout << "str3 : " << str3 << endl;

    // 连接 str1 和 str2
    str3 = str1 + str2;
    cout << "str1 + str2 : " << str3 << endl;

    // 连接后 str3 的总长度
    len = str3.size();
    cout << "str3.size() :  " << len << endl;
    return 0;
}
```

练习与思考

操作题

1. 定义一个具有 5 个元素的整型数组，用 for 循环给元素赋值，并且用 for 循环输出所有元素的值。
2. 定义两个 2 行 3 列的二维数组，初始化后输出每个元素的值。
3. 从键盘输入 20 个整型数据并存放至数组 array 中，求其中的最大值和最小值并输出。
4. 求一个 4×4 的整型矩阵对角线元素之和。

任务4.5　学习类与对象

任务目标

1. 掌握类与对象的概念。
2. 掌握面向对象的编程思想。
3. 掌握面向对象的三大特性。
4. 掌握抽象和接口的概念与应用。

任务描述

在之前的任务中编写的程序都是由一个个函数组成的，可以说是结构化的程序。从本任务开始，编写的程序是由对象组成的，即介绍用 C++ 语言进行面向对象的程序设计。对象和类都是面向对象的基本元素，而类是构成 C++ 实现面向对象程序设计的核心和基础。

任务分析

本任务使用通俗的例子介绍现实生活中以面向对象的方式解决问题的思路，与示例代码结合，分别介绍类与对象的概念、面向对象的三大特性，以及抽象和接口的概念与应用。

4.5.1 类

1. 类的定义

人们所见到的东西都可以看成对象。人、动物、工厂、汽车、植物、建筑物、计算机等都是对象，现实世界是由对象组成的。对象多种多样，各种对象的属性也不相同。人们是通过研究对象的属性和观察它们的行为而认识对象的。可以把对象分成很多类，每一大类中又可分成若干小类。也就是说，类是可以分层的。同一类的对象具有许多相同的属性和行为，不同类的对象也可能具有相同的属性和类似的行为。例如，婴儿和成人、人和猩猩、小汽车和卡车等都有共同之处。

在 C++ 中，用类来描述事务是通过对现实世界的抽象得到的。用 C++ 描述时，相同类的对象具有相同的属性和行为，它把对象分为两个部分，即数据（相当于属性）和对数据的操作（相当于行为）。可以把现实世界分解为一个个的对象，解决现实世界问题的计算机程序也有与此相对应的功能。

由一个个对象组成的程序称为面向对象的程序，编写面向对象程序的过程称为面向对象的程序设计（Object-Oriented Programming，OOP）。使用 OOP 技术能够将许多现实的问题归纳为一个简单解。支持 OOP 的语言很多，C++ 是应用最广泛的语言之一。OOP 有 3 个主要的特点，即封装、继承和多态。C++ 中的类与对象就体现了抽象和封装的特点。

定义一个类，本质上是定义一个数据类型的蓝图。类是 C++ 的核心特性，通常称为用户定义的类型。类用于指定对象的形式，它包含了数据表示法和用于处理数据的方法。类中的数据和方法称为类的成员。函数在一个类中被称为类的成员。

类的定义如图 4-10 所示。

2. 类的格式

类的定义是以关键字 class 开头，后跟类的名称。类的主体包含在一对花括号中。类定义后必须跟一个分号或一个声明列表。例如，使用关键字 class 定义 Box 数据类型，代码如下：

```
class Box
{
    public:
        double length;     // 盒子的长度
        double breadth;    // 盒子的宽度
        double height;     // 盒子的高度
};
```

图 4-10 类的定义

关键字 public 确定了类成员的访问属性。在类对象作用域内，公共成员在类的外部是可访问的。也可以指定类的成员为 private 或 protected。

3. 类成员函数

类成员函数是指那些把定义和原型写在类定义内部的函数，就像类定义中的其他变量一样。类成员函数是类的一个成员，它可以操作类的任意对象，访问对象中的所有成员。对于之前定义的类 Box，现在使用成员函数来访问类的成员，而不是直接访问这些类的成员，代码如下：

```
class Box
{
  public:
      double length;            // 长度
      double breadth;           // 宽度
      double height;            // 高度
      double getVolume(void);   // 返回体积
};
```

成员函数可以定义在类定义内部，或者单独使用范围解析运算符"::"来定义。在类定义中定义的成员函数可把函数声明为内联的，即便没有使用 inline 标识符，可按照如下代码定义 getVolume( ) 函数：

```
class Box
{
  public:
      double length;            // 长度
      double breadth;           // 宽度
      double height;            // 高度
```

```
    double getVolume(void)
    {
       return length * breadth * height;
    }
};
```

也可以在类的外部使用范围解析运算符"::"定义该函数,代码如下:

```
double Box::getVolume(void)
{
   return length * breadth * height;
}
```

这里需要注意,在"::"运算符之前必须使用类名。调用成员函数是在对象上使用点运算符".",这样它就能操作与该对象相关的数据,代码如下:

```
Box myBox;                // 创建一个对象
myBox.getVolume();        // 调用该对象的成员函数
```

综合示例代码如下:

```
#include <iostream>
using namespace std;
class Box{
   public:
      double length;         // 长度
      double breadth;        // 宽度
      double height;         // 高度
      // 成员函数声明
      double getVolume(void);
      void setLength(double len);
      void setBreadth(double bre);
      void setHeight(double hei);
};
// 成员函数定义
double Box::getVolume(void){
   return length * breadth * height;
}
void Box::setLength(double len){
   length = len;
}
```

```
void Box::setBreadth(double bre){
    breadth = bre;
}
void Box::setHeight(double hei){
    height = hei;
}
// 程序的主函数
int main(){
   Box Box1;                // 声明 Box1,类型为 Box
   Box Box2;                // 声明 Box2,类型为 Box
   double volume = 0.0;     // 用于存储体积
   // Box 1 详述
   Box1.setLength(6.0);
   Box1.setBreadth(7.0);
   Box1.setHeight(5.0);
   // Box 2 详述
   Box2.setLength(12.0);
   Box2.setBreadth(13.0);
   Box2.setHeight(10.0);
     // Box 1 的体积
   volume = Box1.getVolume();
   cout << "Box1 的体积:" << volume <<endl;
     // Box 2 的体积
   volume = Box2.getVolume();
   cout << "Box2 的体积:" << volume <<endl;
   return 0;
}
```

4. 类的访问修饰符

数据封装是面向对象编程的一个重要特点，它防止函数直接访问类的内部成员。类成员的访问限制是通过在类主体内部对各个区域标记 public、private、protected 来指定的。关键字 public、private、protected 称为访问修饰符。

一个类可以有多个 public、protected 或 private 标记区域。每个标记区域在下一个标记区域开始之前或者在遇到类主体的结束右括号之前都是有效的。成员和类的默认访问修饰符是 private。代码如下：

```
class Base {
   public:
      // 公有成员
```

```
    protected:
        // 受保护成员
    private:
        // 私有成员
};
```

（1）公有（public）成员

公有成员在程序中类的外部是可访问的。可以不使用任何成员函数来设置和获取公有变量的值，代码如下：

```
#include <iostream>
using namespace std;
class Line
{
    public:
        double length;
        void setLength(double len);
        double getLength(void);
};
// 成员函数定义
double Line::getLength(void)
{
    return length ;
}
void Line::setLength(double len)
{
    length = len;
}
// 程序的主函数
int main()
{
    Line line;
    // 设置长度
    line.setLength(6.0);
    cout << "Length of line : " << line.getLength() <<endl;
    // 不使用成员函数设置长度
    line.length = 10.0;// 正确：因为 length 是公有的
    cout << "Length of line : " << line.length <<endl;
    return 0;
}
```

（2）私有（private）成员

私有成员变量或函数在类的外部是不可访问的，甚至是不可查看的。只有类和友元函数可以访问私有成员。默认情况下，类的所有成员都是私有的。例如在下面的类中，width 是一个私有成员，这意味着如果没有使用任何访问修饰符，那么类的成员将被假定为私有成员。在实际操作中，一般会在私有区域定义数据，在公有区域定义相关的函数，以便在类的外部也可以调用这些函数，代码如下：

```cpp
#include <iostream>

using namespace std;

class Box
{
    public:
        double length;
        void setWidth(double wid);
        double getWidth(void);

    private:
        double width;
};

// 定义成员函数
double Box::getWidth(void)
{
    return width ;
}

void Box::setWidth(double wid)
{
    width = wid;
}

// 程序的主函数
int main()
{
    Box box;

    // 不使用成员函数设置长度
```

```
box.length = 10.0;// 正确：因为 length 是公有的
cout << "Length of box : " << box.length <<endl;

// 不使用成员函数设置宽度
// box.width = 10.0;// 错误：因为 width 是私有的
box.setWidth(10.0);    // 使用成员函数设置宽度
cout << "Width of box : " << box.getWidth() <<endl;

return 0;
}
```

(3) 受保护（protected）成员

受保护成员变量或函数与私有成员十分相似，但有一点不同，受保护成员在派生类（即子类）中是可访问的。在下面的示例中，从父类 Box 派生了一个子类 SmallBox，这里的 width 成员可被派生类 SmallBox 的任何成员函数访问。代码如下：

```
#include <iostream>
using namespace std;

class Box
{
  protected:
      double width;
};

class SmallBox:Box // SmallBox 是派生类
{
  public:
      void setSmallWidth(double wid);
      double getSmallWidth(void);
};

// 子类的成员函数
double SmallBox::getSmallWidth(void)
{
    return width ;
}

void SmallBox::setSmallWidth(double wid)
```

```
{
    width = wid;
}

// 程序的主函数
int main()
{
    SmallBox box;
    
    // 使用成员函数设置宽度
    box.setSmallWidth(5.0);
    cout << "Width of box : "<< box.getSmallWidth() << endl;
    
    return 0;
}
```

在继承中有 public、protected、private 这 3 种继承方式，它们相应地改变了基类成员的访问属性。

1）public 继承：基类 public 成员、protected 成员、private 成员的访问属性在派生类中分别变成 public、protected、private。

2）protected 继承：基类 public 成员、protected 成员、private 成员的访问属性在派生类中分别变成 protected、protected、private。

3）private 继承：基类 public 成员、protected 成员、private 成员的访问属性在派生类中分别变成 private、private、private。

无论哪种继承方式，以下两点都没有改变：

1）private 成员只能被本类成员（类内）和友元访问，不能被派生类访问。

2）protected 成员可以被派生类访问。

5. 构造函数与析构函数

（1）构造函数　变量应该被初始化，对象也需要初始化。C++中定义了一种特殊的初始化函数，称为构造函数。当对象被创建时，构造函数自动被调用。构造函数有一些独特的地方，其函数的名字与类名相同，也没有返回类型和返回值。对象在生成过程中通常需要初始化变量或分配动态内存，以便能够操作，或防止在执行过程中返回意外结果。使用类对象时，要求用户必须正确地初始化，因此可以通过构造函数来保证每个对象正确地初始化。可以通过声明一个与 class 同名的函数来定义构造函数。对象被创建时，构造函数被自动调用，所以在使用一个对象之前，它的初始化就已经完成了。构造函数的特点是没有类型，没有返回值，名字与类名相同。此外，构造函数有有参数和无参数两种形式。下面的示例代码有助于读者更好地理解构造函数的概念：

```cpp
#include <iostream>

using namespace std;

class Line
{
    public:
        void setLength(double len);
        double getLength(void);
        Line();   // 这是构造函数

        private:
            double length;
};

// 成员函数定义,包括构造函数
Line::Line(void)
{
    cout << "Object is being created" << endl;
}

void Line::setLength(double len)
{
    length = len;
}

double Line::getLength(void)
{
    return length;
}
// 程序的主函数
int main()
{
    Line line;

    // 设置长度
    line.setLength(6.0);
    cout << "Length of line : " << line.getLength() <<endl;

    return 0;
}
```

默认的构造函数没有任何参数,但如果需要,构造函数也可以带有参数。这样在创建对象时就会给对象赋初始值,如下面的示例代码所示:

```cpp
#include <iostream>

using namespace std;

class Line
{
   public:
      void setLength(double len);
      double getLength(void);
      Line(double len);    // 这是构造函数

   private:
      double length;
};

// 成员函数定义,包括构造函数
Line::Line(double len)
{
   cout << "Object is being created,length = " << len << endl;
   length = len;
}

void Line::setLength(double len)
{
   length = len;
}

double Line::getLength(void)
{
   return length;
}
// 程序的主函数
int main()
{
   Line line(10.0);

   // 获取默认设置的长度
```

```
    cout << "Length of line : " << line.getLength() <<endl;
    // 再次设置长度
    line.setLength(6.0);
    cout << "Length of line : " << line.getLength() <<endl;

    return 0;
}
```

（2）析构函数

构造函数的主要功能是在创建对象时对对象做初始化操作。析构函数与构造函数相反，是在对象被删除前由系统自动执行析构函数以做清理工作。例如，在建立对象时用 new 方式分配的内存空间，应在析构函数中用 delete 操作来释放。析构函数与构造函数类似的是：析构函数也与类同名，但在名字前面有一个"~"符号，即取反运算符，析构函数没有返回类型和返回值。

作为一个类，可能有许多对象。每当对象生命结束时，都要调用析构函数，且每个对象调用一次。这跟构造函数形成了鲜明的对比，因此在析构函数名字的前面加上"~"运算符，表示逆构造函数。若一个对象中有指针数据成员，该指针数据成员指向某一个内存块，那么在对象销毁前，往往通过析构函数释放该指针指向的内存块。下面的示例代码有助于读者更好地理解析构函数的概念：

```
#include <iostream>

using namespace std;

class Line
{
   public:
      void setLength(double len);
      double getLength(void);
      Line();    // 这是构造函数声明
      ~Line();   // 这是析构函数声明

   private:
      double length;
};

// 成员函数定义,包括构造函数
Line::Line(void)
{
```

```cpp
        cout << "Object is being created" << endl;
}
Line::~Line(void)
{
        cout << "Object is being deleted" << endl;
}

void Line::setLength(double len)
{
    length = len;
}

double Line::getLength(void)
{
     return length;
}
// 程序的主函数
int main()
{
   Line line;
   
   // 设置长度
   line.setLength(6.0);
   cout << "Length of line : " << line.getLength() <<endl;
   
   return 0;
}
```

6. 友元函数

类的友元函数定义在类外部，有权访问类的所有私有（private）成员和受保护（protected）成员。尽管友元函数的原型在类的定义中出现过，但是友元函数并不是成员函数。友元可以是一个函数，该函数被称为友元函数；友元也可以是一个类，该类被称为友元类，在这种情况下，整个类及其所有成员都是友元。如果要声明函数为一个类的友元，则需要在类定义中的该函数原型前使用关键字 friend，代码如下：

```cpp
class Box
{
   double width;
public:
```

```
    double length;
    friend void printWidth(Box box);
    void setWidth(double wid);
};
```

声明类 ClassTwo 的所有成员函数作为类 ClassOne 的友元，需要在类 ClassOne 的定义中进行如下声明：

```
friend class ClassTwo;
```

7. 内联函数

C++中，内联函数通常与类一起使用。如果一个函数是内联的，那么在编译时，编译器会把该函数的代码副本放置在每个调用该函数的地方。对内联函数进行任何修改，都需要重新编译函数的所有客户端，因为编译器需要重新更换所有的代码，否则将会继续使用旧的函数。

如果想把一个函数定义为内联函数，则需要在函数名前面添加关键字 inline，在调用函数之前需要对函数进行定义。如果已定义的函数多于一行，则编译器会忽略 inline 限定符。在类定义中定义的函数都是内联函数，即使没有使用 inline 限定符。以下示例使用内联函数来返回两个数中的最大值，代码如下：

```
#include <iostream>

using namespace std;

inline int Max(int x,int y)
{
    return(x > y)? x : y;
}

// 程序的主函数
int main()
{
    cout << "Max(20,10): " << Max(20,10) << endl;
    cout << "Max(0,200): " << Max(0,200) << endl;
    cout << "Max(100,1010): " << Max(100,1010) << endl;
    return 0;
}
```

8. 静态成员

可以使用 static 关键字来把类成员定义为静态的。当声明类的成员为静态时，意味着无论创建多少个类的对象，静态成员都只有一个副本。

静态成员在类的所有对象中是共享的。如果不存在其他的初始化语句，那么在创建第一个对象时，所有的静态数据都会被初始化为零。不能把静态成员的初始化放置在类的定义中，但是可以在类的外部通过使用范围解析运算符"::"来重新声明静态变量，从而对它进行初始化，详见下面的示例代码，有助于读者更好地理解静态成员数据的概念：

```cpp
#include <iostream>

using namespace std;

class Box
{
   public:
      static int objectCount;
      // 构造函数定义
      Box(double l=2.0,double b=2.0,double h=2.0)
      {
         cout <<"Constructor called. " << endl;
         length = l;
         breadth = b;
         height = h;
         // 每次创建对象时都增加 1
         objectCount++;
      }
      double Volume()
      {
         return length * breadth * height;
      }
   private:
      double length;       // 长度
      double breadth;      // 宽度
      double height;       // 高度
};

// 初始化类 Box 的静态成员
int Box::objectCount = 0;

int main(void)
{
   Box Box1(3.3,1.2,1.5);      // 声明 Box1
```

```
    Box Box2(8.5,6.0,2.0);        // 声明 Box2

    // 输出对象的总数
    cout << "Total objects: " << Box::objectCount << endl;

    return 0;
}
```

如果把函数成员声明为静态的，就可以把函数与类的任何特定对象独立开来。静态成员函数即使在类对象不存在的情况下也能被调用，静态函数只要使用类名加范围解析运算符"::"就可以访问。静态成员函数只能访问静态成员数据、其他静态成员函数和类外部的其他函数。静态成员函数有一个类范围，静态成员不能访问类的 this 指针，可以使用静态成员函数来判断类的某些对象是否已被创建。

静态成员函数与普通成员函数的区别：

1）静态成员函数没有 this 指针，只能访问静态成员（包括静态成员变量和静态成员函数）。

2）普通成员函数有 this 指针，可以访问类中的任意成员；而静态成员函数没有 this 指针。下面的示例代码有助于读者更好地理解静态成员函数的概念：

```
#include <iostream>
using namespace std;
class Box
{
  public:
     static int objectCount;
     // 构造函数定义
     Box(double l=2.0,double b=2.0,double h=2.0)
     {
        cout <<"Constructor called. "<< endl;
        length = l;
        breadth = b;
        height = h;
        // 每次创建对象时都增加 1
        objectCount++;
     }
     double Volume()
     {
        return length * breadth * height;
     }
```

```
        static int getCount()
        {
            return objectCount;
        }
    private:
        double length;      // 长度
        double breadth;     // 宽度
        double height;      // 高度
};
// 初始化类 Box 的静态成员
int Box::objectCount = 0;
int main(void)
{
    // 在创建对象之前输出对象的总数
    cout << "Inital Stage Count: " << Box::getCount() << endl;
    Box Box1(3.3,1.2,1.5);    // 声明 Box1
    Box Box2(8.5,6.0,2.0);    // 声明 Box2
    // 在创建对象之后输出对象的总数
    cout << "Final Stage Count: " << Box::getCount() << endl;
    return 0;
}
```

4.5.2 对象

1. 对象定义

类提供了对象的蓝图,所以基本上对象是根据类来创建的。声明类的对象,就像声明基本类型的变量一样。下面的语句声明了类 Box 的两个对象,代码如下:

```
Box Box1;      // 声明 Box1,类型为 Box
Box Box2;      // 声明 Box2,类型为 Box
```

对象 Box1 和 Box2 都有它们各自的数据成员。

2. 访问数据成员

类对象的公共数据成员可以使用直接成员访问运算符"."来访问,数据成员如图 4-11 所示。

在图 4-11 中,length 与 height 属于类 Box 的变量(在类中称为属性),set()与 get()属于类的函数(在类中称为方法),示例代码如下:

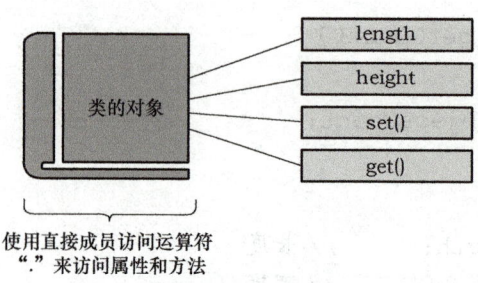

图 4-11　数据成员

```
#include <iostream>
using namespace std;
class Box
{
    public:
        double length;      // 长度
        double breadth;     // 宽度
        double height;      // 高度
        // 成员函数声明
        double get(void);
        void set(double len,double bre,double hei);
};
// 成员函数定义
double Box::get(void)
{
    return length * breadth * height;
}
void Box::set(double len,double bre,double hei)
{
    length = len;
    breadth = bre;
    height = hei;
}
int main()
{
    Box Box1;           // 声明 Box1,类型为 Box
    Box Box2;           // 声明 Box2,类型为 Box
    Box Box3;           // 声明 Box3,类型为 Box
    double volume = 0.0;    // 用于存储体积
```

```
    // Box 1 详述
    Box1.height = 5.0;
    Box1.length = 6.0;
    Box1.breadth = 7.0;
    // Box 2 详述
    Box2.height = 10.0;
    Box2.length = 12.0;
    Box2.breadth = 13.0;
    // Box 1 的体积
    volume = Box1.height * Box1.length * Box1.breadth;
    cout << "Box1 的体积:" << volume <<endl;
    // Box 2 的体积
    volume = Box2.height * Box2.length * Box2.breadth;
    cout << "Box2 的体积:" << volume <<endl;
    // Box 3 详述
    Box3.set(16.0,8.0,12.0);
    volume = Box3.get();
    cout << "Box3 的体积:" << volume <<endl;
    return 0;
}
```

需要注意的是，私有成员和受保护成员不能使用直接成员访问运算符"."来直接访问。

3. this 指针

在 C++中，每一个对象都能通过 this 指针来访问自己的地址。this 指针是所有成员函数的隐含参数。因此，在成员函数内部，它可以用来指向调用对象。友元函数没有 this 指针，因为友元不是类的成员，只有成员函数才有 this 指针。下面的示例代码有助于读者更好地理解 this 指针的概念：

```
#include <iostream>

using namespace std;

class Box
{
    public:
        // 构造函数定义
        Box(double l=2.0,double b=2.0,double h=2.0)
        {
            cout <<"Constructor called." << endl;
```

```cpp
        length = l;
        breadth = b;
        height = h;
    }
    double Volume()
    {
        return length * breadth * height;
    }
    int compare(Box box)
    {
        return this->Volume() > box.Volume();
    }
private:
    double length;      // 长度
    double breadth;     // 宽度
    double height;      // 高度
};

int main(void)
{
    Box Box1(3.3,1.2,1.5);    // 声明 Box1
    Box Box2(8.5,6.0,2.0);    // 声明 Box2

    if(Box1.compare(Box2))
    {
        cout << "Box2 is smaller than Box1" <<endl;
    }
    else
    {
        cout << "Box2 is equal to or larger than Box1" <<endl;
    }
    return 0;
}
```

4.5.3 继承

继承性在客观世界中是一种常见的现象。从面向对象程序设计的观点来看，继承所表达的是一种类与类之间的关系，这种关系允许在既有类的基础上创建新类。也就是说，定义新类时可以从一个或多个既有类中继承（即复制）所有的数据成员和函数成员，然后加上自己的新成员或重新定义由继承得到的成员。简单地说,继承是指某类事物具有比其父辈事物更一般性的某些特征(或称为属性)。用对象和类的术语可以这样表达:对象和类"继承"了另一个类的一组属性。继承增加了软件的重用性,减少了工作量,提高了工作效率。

当创建一个类时,不需要重新编写新的数据成员和成员函数,只需指定新建的类继承一个已有的类的成员即可。这个已有的类称为基类,新建的类称为派生类。继承代表了实例的关系。例如,哺乳动物是动物,狗是哺乳动物,因此,狗是动物。继承如图 4-12 所示。

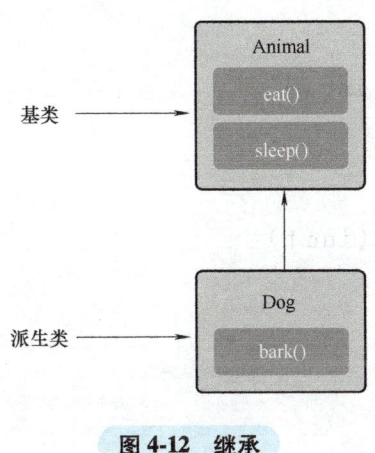

图 4-12 继承

代码如下:

```
// 基类
class Animal {
    // eat() 函数
    // sleep() 函数
};


//派生类
class Dog : public Animal {
    // bark() 函数
};
```

1. 基类与派生类

一个类可以派生自多个类,这意味着它可以从多个基类继承数据和函数。定义一个派生类,使用一个类派生列表来指定基类。类派生列表以一个或多个基类命名,语法如下:

```
class derived-class: access-specifier base-class
```

其中,访问修饰符 access-specifier 是 public、protected 或 private 中的一个,base-class 是之前定义过的某个类的名称。如果未使用访问修饰符 access-specifier,则默认为 private。假设有一个基类 Shape,Rectangle 是它的派生类,代码如下:

```cpp
#include <iostream>

using namespace std;

// 基类
class Shape
{
    public:
        void setWidth(int w)
        {
            width = w;
        }
        void setHeight(int h)
        {
            height = h;
        }
    protected:
        int width;
        int height;
};

// 派生类
class Rectangle: public Shape
{
    public:
        int getArea()
        {
            return(width * height);
        }
};

int main(void)
{
    Rectangle Rect;

    Rect.setWidth(5);
    Rect.setHeight(7);

    // 输出对象的面积
    cout << "Total area: " << Rect.getArea() << endl;

    return 0;
}
```

2. 访问控制与继承

派生类可以访问基类中所有的非私有成员。因此，基类成员如果不想被派生类的成员函数访问，则应在基类中声明为 private。这里根据访问权限总结出不同的访问类型，见表 4-6。

表 4-6 访问类型

访问	public	protected	private
同一个类	yes	yes	yes
派生类	yes	yes	no
外部的类	yes	no	no

一个派生类继承了所有的基类方法，但下列情况除外：
➢ 基类的构造函数、析构函数和拷贝构造函数。
➢ 基类的重载运算符。
➢ 基类的友元函数。

3. 继承类型

当一个类派生自基类时，该基类可以被继承为 public、protected 或 private 类型。继承类型是通过访问修饰符 access-specifier 来指定的，几乎不使用 protected 或 private 继承，通常使用 public 继承。当使用不同类型的继承时，遵循以下几个规则：

➢ 公有（public）继承：当一个类派生自公有基类时，基类的公有成员也是派生类的公有成员，基类的保护成员也是派生类的保护成员，基类的私有成员不能直接被派生类访问，但是可以通过调用基类的公有成员和保护成员来访问。

➢ 保护（protected）继承：当一个类派生自保护基类时，基类的公有成员和保护成员将成为派生类的保护成员。

➢ 私有（private）继承：当一个类派生自私有基类时，基类的公有成员和保护成员将成为派生类的私有成员。

4. 多继承

多继承即一个子类可以有多个父类，它继承了多个父类的特性。C++ 类可以从多个类继承成员，语法如下：

```
class <派生类名>:<继承方式1><基类名1>,<继承方式2><基类名2>,...
{
<派生类类体>
};
```

其中，访问修饰符的继承方式是 public、protected 或 private 中的一个，用来修饰每个基类，各个基类之间用逗号分隔，见下面的示例代码：

```
#include <iostream>
using namespace std;
// 基类 Shape
class Shape{
```

```cpp
    public:
        void setWidth(int w)
        {
            width = w;
        }
        void setHeight(int h)
        {
            height = h;
        }
    protected:
        int width;
        int height;
};
// 基类 PaintCost
class PaintCost{
    public:
        int getCost(int area)
        {
            return area * 70;
        }
};
// 派生类
class Rectangle: public Shape,public PaintCost{
    public:
        int getArea()
        {
            return(width * height);
        }
};
int main(void){
    Rectangle Rect;
    int area;
    Rect.setWidth(5);
    Rect.setHeight(7);
    area = Rect.getArea();
    // 输出对象的面积
    cout << "Total area: " << Rect.getArea() << endl;
    // 输出总花费
    cout << "Total paint cost: $" << Rect.getCost(area) << endl;
    return 0;
}
```

4.5.4 多态

多态是指不同的对象接收相同的消息时而产生的不同动作。C++是一门真正支持面向对象的语言，因而能够解决多态问题，这样将极大地提高程序的开发效率，减轻程序员的开发负担。本小节将介绍多态的概念、虚函数以及纯虚函数。

1. 多态的概念

多态是面向对象程序设计的重要特征之一，是C++的扩展性在继承之后的又一重大表现。"多态性"一词最早用于生物学，指同一种族的生物体具有相同的特性。在C++中，多态是指同一操作作用于不同的类的实例，将产生不同的执行结果。即不同的类的对象收到相同的消息时，得到不同的结果。

多态性可以分为编译时的多态性和运行时的多态性两大类。编译时的多态又称静态联编，其实现机制为重载；运行时的多态又称动态联编，其实现机制为虚函数。

2. 虚函数

虚函数是在基类中使用关键字 virtual 声明的函数。在派生类中重新定义基类中定义的虚函数时，会告诉编译器不要静态链接到该函数。程序中的任意点都可以根据所调用的对象类型来选择调用的函数，这种操作称为动态链接或后期绑定。代码如下：

```cpp
class Shape {
    protected:
        int width,height;
    public:
        Shape(int a=0,int b=0)
        {
            width = a;
            height = b;
        }
        virtual int area()
        {
            cout << "Parent class area :" <<endl;
            return 0;
        }
};
```

3. 纯虚函数

要在基类中定义虚函数，以便在派生类中重新定义该函数以更好地适用于对象，但是在基类中又不能对虚函数给出有意义的实现，这个时候就会用到纯虚函数。可以把基类中的虚函数 area() 改写如下：

```cpp
class Shape {
    protected:
        int width,height;
```

```
public:
    Shape(int a=0,int b=0)
    {
        width = a;
        height = b;
    }
    // 纯虚函数
    virtual int area() = 0;
};
```

"=0"用于告诉编译器函数没有主体,上面的虚函数是纯虚函数。

4.5.5 抽象

1. 抽象的概念

数据抽象是指只向外界提供关键信息,并隐藏其后台的实现细节,即只表现必要的信息而不呈现细节。数据抽象是一种依赖于接口和实现分离的编程技术。

在 C++ 中,可以使用类来定义抽象数据类型(ADT),使用类 iostream 的 cout 对象来输出标准数据,代码如下:

```
#include <iostream>
using namespace std;

int main()
{
    cout << "Hello C++" <<endl;
    return 0;
}
```

这里 cout 用于在计算机屏幕上显示信息,通过公共接口 cout 的底层实现可以自由改变。在 C++ 中,可以使用访问标签来定义类的抽象接口。一个类可以包含零个或多个访问标签。

使用公共标签定义的成员可以访问该程序的所有部分。一个类型的数据抽象视图是由它的公共成员来定义的。使用私有标签定义的成员无法访问使用类的代码。私有部分对使用类型的代码隐藏了实现细节。访问标签出现的频率没有限制。每个访问标签都指定了紧随其后的成员定义的访问级别。指定的访问级别会一直有效,直到遇到下一个访问标签或者遇到类主体关闭的右括号为止。

2. 抽象的优势

1)类的内部受到保护,不会因无意的用户级错误导致对象状态受损。
2)类实现可能随着时间的推移而发生变化,以便应对不断变化的需求。

如果只在类的私有部分定义数据成员,那么编写该类的作者就可以随意更改数据。如果实现发生改变,则只需要检查类的代码,查看此处改变会导致哪些影响即可。如果数据是公有的，则任何直接访问旧表示形式数据成员的函数都可能受到影响。

3. 数据抽象的示例

C++程序中，任何带有公有成员和私有成员的类都可以作为数据抽象的示例。见如下示例：

```cpp
#include <iostream>
using namespace std;

class Adder{
   public:
      // 构造函数
      Adder(int i = 0)
      {
        total = i;
      }
      // 对外的接口
      void addNum(int number)
      {
         total += number;
      }
      // 对外的接口
      int getTotal()
      {
          return total;
      };
   private:
      // 对外隐藏的数据
      int total;
};
int main()
{
   Adder a;

   a.addNum(10);
   a.addNum(20);
   a.addNum(30);

   cout << "Total " << a.getTotal() <<endl;
   return 0;
}
```

上面的类把数字相加，并返回总和。公有成员 addNum( )和 getTotal( )是对外的接口，用户需要知道它们以便使用类。私有成员 total( )是用户不需要了解的，却是类正常工作所必需的。

4. 设计策略

抽象把代码分离为接口部分和实现部分,所以在设计组件时,必须保持接口部分独立于实现部分,这样如果改变底层实现部分,那么接口部分也将保持不变。在这种情况下,不管任何程序使用接口,接口都不会受到影响,只需要将最新的实现部分重新编译即可。

4.5.6 接口

接口描述了类的行为和功能,而不需要完成类的特定实现。C++接口是使用抽象类来实现的。抽象类与数据抽象互不混淆,数据抽象是一个把实现细节与相关的数据分离开的概念。如果类中至少有一个函数被声明为纯虚函数,则这个类就是抽象类。纯虚函数是通过在声明中使用"=0"来指定的,代码如下:

```
class Box
{
    public:
        // 纯虚函数
        virtual double getVolume() = 0;
    private:
        double length;      // 长度
        double breadth;     // 宽度
        double height;      // 高度
};
```

设计抽象类(通常称为ABC)是为了给其他类提供一个可以继承的适当的基类。抽象类不能被用于实例化对象,它只能作为接口使用。如果试图实例化一个抽象类的对象,则会导致编译错误。因此,如果一个ABC的子类需要被实例化,则必须实现每个虚函数,这也意味着C++支持使用ABC声明接口。如果没有在派生类中重写纯虚函数,就尝试实例化该类的对象,这样会导致编译错误。可用于实例化对象的类称为具体类。

1. 抽象类的示例

基类Shape提供了一个接口getArea(),在两个派生类Rectangle和Triangle中分别实现了getArea():

```
#include <iostream>
using namespace std;
// 基类
class Shape{
public:
    // 提供接口框架的纯虚函数
    virtual int getArea() = 0;
    void setWidth(int w)
```

```cpp
        {
            width = w;
        }
        void setHeight(int h)
        {
            height = h;
        }
    protected:
        int width;
        int height;
};
// 派生类
class Rectangle: public Shape{
    public:
        int getArea()
        {
            return(width * height);
        }
};
class Triangle: public Shape{
    public:
        int getArea()
        {
            return(width * height)/2;
        }
};
int main(void){
    Rectangle Rect;
    Triangle  Tri;
    Rect.setWidth(5);
    Rect.setHeight(7);
    // 输出对象的面积
    cout << "Total Rectangle area: " << Rect.getArea() << endl;
    Tri.setWidth(5);
    Tri.setHeight(7);
    // 输出对象的面积
    cout << "Total Triangle area: " << Tri.getArea() << endl;
    return 0;
}
```

从上面的示例中可以看到一个抽象类是如何定义一个接口 getArea( ) 的，以及两个派生类是如何通过不同的计算面积的算法来实现相同函数的。

2. 设计策略

面向对象的系统可能会使用一个抽象基类为所有的外部应用程序提供一个适当、通用、标准化的接口。然后，派生类通过继承抽象基类，把所有类似的操作都继承下来。外部应用程序提供的功能（即公有函数）在抽象基类中是以纯虚函数的形式存在的，这些纯虚函数在相应的派生类中被实现。这个架构也使得新的应用程序可以很容易地被添加到系统中，即使是在系统被定义之后，也依然可以如此。

练习与思考

一、操作题

1. 编写时间类的构造函数。

要求：定义一个用时、分、秒计时的时间类 Time。在创建 Time 类对象时，可以用不带参数的构造，函数将时、分、秒初始化为 0，可以用任意正整数为时、分、秒赋初值，可以用大于 0 的任意秒值为 Time 对象赋初值，还可以用"hh：mm：ss"形式的字符串为时、分、秒赋初值。

2. 编写一个计算器类，要求实现各种数据类型（整数、小数和复数）的 +、-、*、/ 基本运算。

要求：充分利用继承、多态的概念。

3. 设计一个基类 base，包含姓名和年龄私有数据成员以及相关的成员函数。由基类 base 派生出领导类 leader，包含职务和部门私有数据成员以及相关的成员函数，再由 base 派生出教师类 teacher，包含职称和专业私有数据成员以及相关的成员函数，然后由 leader 和 teacher 类派生出教学主任类 chairman。请编写一个完整的 C++ 程序，并采用一些数据进行输入和输出。

二、思考题

1. 类与对象有什么区别？

2. 在 C++ 中，如何表达类之间的继承关系？

模块5 Qt界面开发

模块导读

Qt是一个跨平台的C++开发库，主要用来开发图形用户界面（Graphical User Interface，GUI）程序，也可以开发不带界面的命令行（Command User Interface，CUI）程序。

Qt是一个完全的C++程序开发框架，所以学好C++非常有必要，我们已经学习了C++的基本语法。Qt还存在Python、Ruby、Perl等脚本语言的绑定，可以使用脚本语言开发基于Qt的程序。Qt支持的操作系统很多，如通用操作系统Windows、Linux、UNIX，智能手机系统Android、iOS、WinPhone，嵌入式系统QNX、VxWorks。本模块详细介绍Qt，思维导图如下：

任务5.1　Qt开发环境的搭建与使用

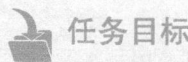任务目标

1. 了解Qt的概念以及它的用途。
2. 掌握Qt的下载与安装。

任务描述

Qt 是应用程序开发的一站式解决方案，其本身包含的模块也日益丰富，大部分应用程序都可以使用 Qt 实现，如 WPS、Skype、豆瓣电台、虾米音乐、VirtualBox、Opera、咪咕音乐等。总的来说，Qt 主要用于桌面程序开发和嵌入式开发。

任务分析

本任务主要介绍 Qt 的概念和用途及如何下载与安装。

5.1.1 Qt 的概念

1. Qt 是什么

Qt 是跨平台的 C++图形用户界面应用程序开发框架。它既可以开发 GUI 程序，也可用于开发非 GUI 程序，如控制台工具和服务器。Qt 是面向对象的框架，可使用特殊的代码生成扩展［称为元对象编译器（Meta Object Compiler，MOC）］以及一些宏。Qt 容易扩展，并且允许真正地组件编程。

2. Qt 与其他 GUI 库的对比

GUI 库有很多，根据 Windows 和 Linux 两大操作系统派系分别介绍一些 GUI 库：

（1）Windows 下的 GUI 库

Windows 下的 GUI 解决方案比较多：
- 基于 C++的有 Qt、MFC、WTL、wxWidgets、DirectUI、Htmlayout。
- 基于 C#的有 WinForm、WPF。
- 基于 Java 的有 AWT、Swing。
- 基于 Pascal 的有 Delphi。
- 基于 Go 语言的有 walk 和 electron。
- 还有国内初露头角的 aardio。
- Visual Basic 曾经很流行，现在逐渐失去了色彩。

目前使用比较多的编程语言是 C++、C#、Java，用 Qt 来开发 Windows 桌面程序有以下优点：

- 简单易学：Qt 封装得很好，几行代码就可以开发出一个简单的客户端。
- 资料丰富：能够高效学习和降低学习成本。然而关于 DirectUI、Htmlayout、aardio 的资料却很少。
- 漂亮的界面：使用 Qt 能够很容易地做出漂亮的界面和炫酷的动画。而使用 MFC、WTL、wxWidgets 就会比较麻烦。
- 独立安装：Qt 程序最终会编译为本地代码，不需要其他库的支撑。Java 要安装虚拟机，C#要安装 .NET Framework。
- 跨平台：如果程序需要运行在多个平台下，同时又希望降低开发成本，那么 Qt 几乎是必备的。

（2）Linux 下的 GUI 库

Linux 下常用的 GUI 库有基于 C++的 Qt、GTK+、wxWidgets，以及基于 Java 的 AWT 和 Swing。其中，非常著名的是 Qt 和 GTK+：KDE 桌面系统已经将 Qt 作为默认的 GUI 库，Gnome

桌面系统也将 GTK+作为默认的 GUI 库。

5.1.2　Qt 的下载与安装

从 Qt 官网所有的开发环境和相关工具都这里下载，具体网址是 http：//download. qt. io/。本模块以 Qt 5.9 LTS 版本为例进行讲解，并且所有的示例程序均使用 Qt 5.9 编译测试通过。

Qt 版本号：5.9.8 是完整的 Qt 版本号，第一个数字 5 是大版本号（Major），第二个数字 9 是小版本号（Minor），第三个数字 8 是补丁号（Patch）。只要前面两个数字相同，Qt 的特性就是一致的，最后的数字是对该版本的补丁更新。也就是说，本书对 5.9. * 系列的 Qt 都是通用的，下载 5.9. * 的任意一个版本都可以，这里下载 5.9.0。进入 https：//download. qt. io/archive/qt/网站，然后选择 5.12.0 目录，该目录内容如图 5-1 所示。

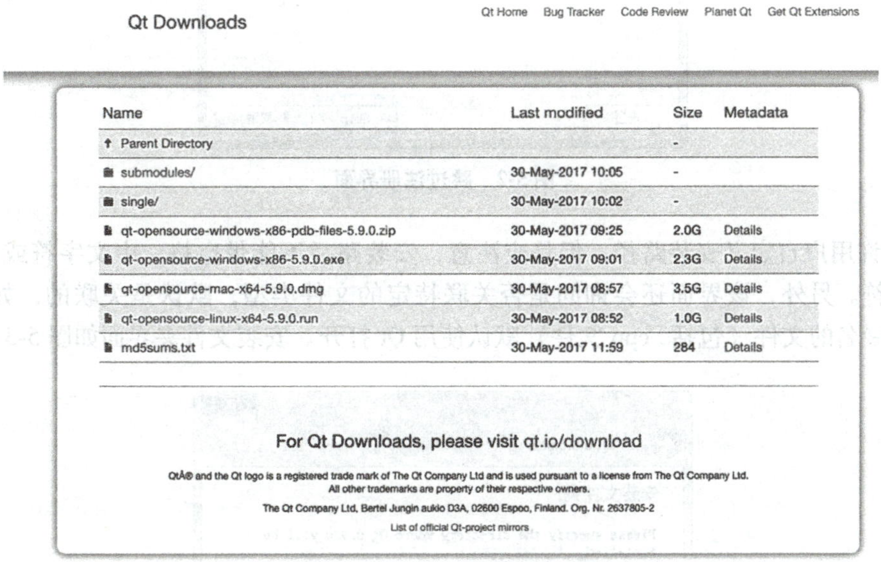

Name	Last modified	Size	Metadata
Parent Directory		-	
submodules/	30-May-2017 10:05	-	
single/	30-May-2017 10:02	-	
qt-opensource-windows-x86-pdb-files-5.9.0.zip	30-May-2017 09:25	2.0G	Details
qt-opensource-windows-x86-5.9.0.exe	30-May-2017 09:01	2.3G	Details
qt-opensource-mac-x64-5.9.0.dmg	30-May-2017 08:57	3.5G	Details
qt-opensource-linux-x64-5.9.0.run	30-May-2017 08:52	1.0G	Details
md5sums.txt	30-May-2017 11:59	284	Details

图 5-1　Qt 5.9.0 目录内容

图 5-1 中有 3 个操作系统的安装程序，Windows 系统下载 qt-opensource-windows-x86-5.12.0.exe，MAC 系统下载 qt-opensource-mac-x64-5.12.0.dmg，Linux 系统下载 qt-opensource-linux-x64-5.12.0.run。下面以 Windows 安装包（qt-opensource-windows-x86-5.12.0.exe）为例，讲解 Qt 安装包的命名规则：

- opensource 是指开源版本。
- windows 是指开发环境的操作系统。
- x86 是指 32 位系统。
- 5.9.0 是 Qt 版本号。

1. Windows 安装

Qt 占用的存储空间很大，安装之前建议先准备好 8GB 以上的磁盘空间。对于目前的 Qt 最新版开发环境，如果不安装源代码包，那么实际占用空间大约为 5.5GB；如果选择安装源码包，那么大约占用 7.5GB。双击下载得到的 qt-opensource-windows-x86-5.9.0.exe，即可开始安装 Qt。Qt 的安装过程和普通的 Windows 软件一样，按照向导进行操作即可。

注意：Qt 在安装过程中会提示用户进行注册和登录，无须理会，单击“Skip”按钮跳过即可，实际开发时不需要登录。跳过注册界面如图 5-2 所示。

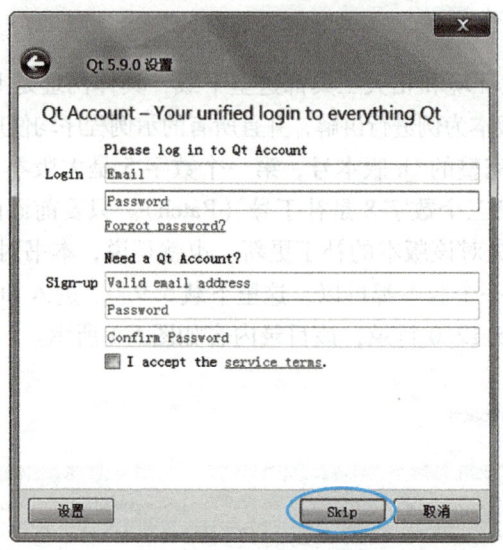

图 5-2 跳过注册界面

Qt 允许用户自定义安装路径，但是应注意，安装路径不能带空格、中文字符或者其他任何特殊字符。另外，该界面还会询问是否关联特定的文件类型，默认是关联的，如果关联，则特定扩展名的文件（包括 .cpp 文件）默认使用 Qt 打开。安装文件夹界面如图 5-3 所示。

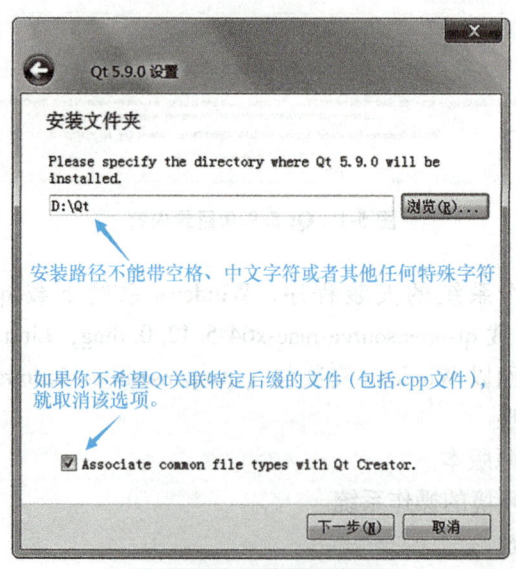

图 5-3 安装文件夹界面

Qt 安装过程中最关键的一步是组件的选择，选择组件界面如图 5-4 所示。

Qt 的安装组件分为两部分：一部分是"Qt 5.9"分类，该分类包含的是真正的 Qt 开发库组件；另一部分是"Tools"分类，该分类包含的是集成开发环境和编译工具。

选择组件完成后，根据向导一步一步操作，安装完成后，在 Windows "开始"菜单中会看到 Qt 5.9.0 程序组。程序组说明见表 5-1。

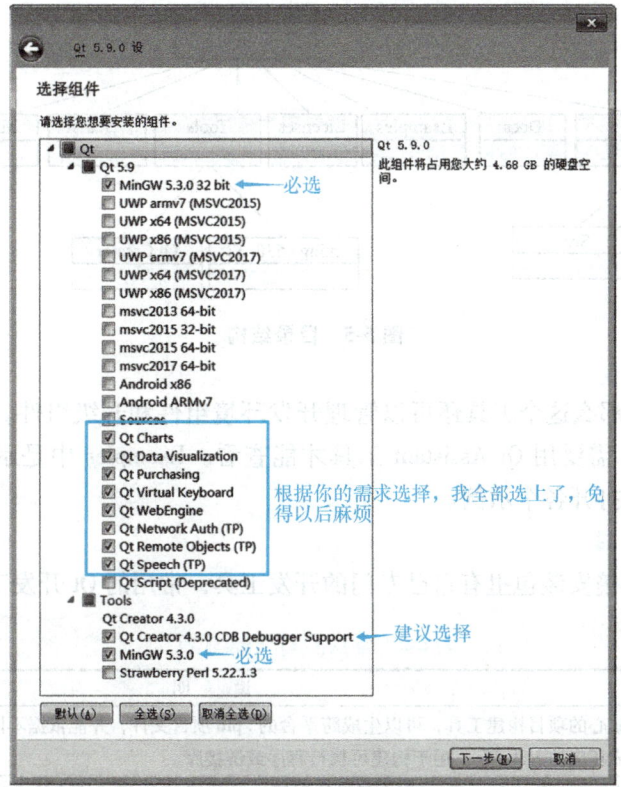

图 5-4 选择组件界面

表 5-1 程序组说明

程　　序	说　　明
Qt Creator 4. 6. 2（Enterprise）	Qt 的集成开发环境，本模块使用它来创建和管理 Qt 项目
Assistant（Qt 助手）	用来查看帮助文档，已被集成在 Qt Creator 中
Designer（Qt 设计师）	图形界面可视化编辑工具，已被集成在 Qt Creator 中。在 Qt Creator 中编辑或创建界面文件时，就可以自动打开该程序
Linguist（Qt 语言家）	多国语言翻译支持工具，可以用来编辑语言资源文件，在开发多语言界面的应用程序时会用到
Qt 5. 11. 1 for Desktop（MinGW 5. 3. 0 32bit）	Qt 命令行工具，用来配置 Qt 开发环境（主要是设置 PATH 变量）

2. 安装目录结构

不同版本 Qt 的安装目录结构大同小异，这里以 Qt 5.9.0 为例来说明。目录结构如图 5-5 所示。

为了方便描述，下文使用~表示 Qt 的安装目录。注意：~\5.9\ 和~\Tools\ 目录下都有 mingw53_32 目录，但是两者是有区别的：~\5.9\mingw53_32\ 目录包含的是 Qt 的类库文件，如头文件、静态库、动态库等，这些类库文件使用 MinGW 工具集编译而成。~\Tools\mingw53_32\ 目录包含的是 MinGW 工具集，如编译器 g++、链接器 ld、make 工具、打包工具 ar 等。需要注意，Qt Creator 是个特例，Qt Creator 使用 MSVC2015 编译生成的，所以安装目录里有一个 vcredist 文件夹来存储 VC 运行库安装文件。

对于离线安装包，MaintenanceTool.exe 只能用于删除软件包。如果 Qt 开发环境是使用在

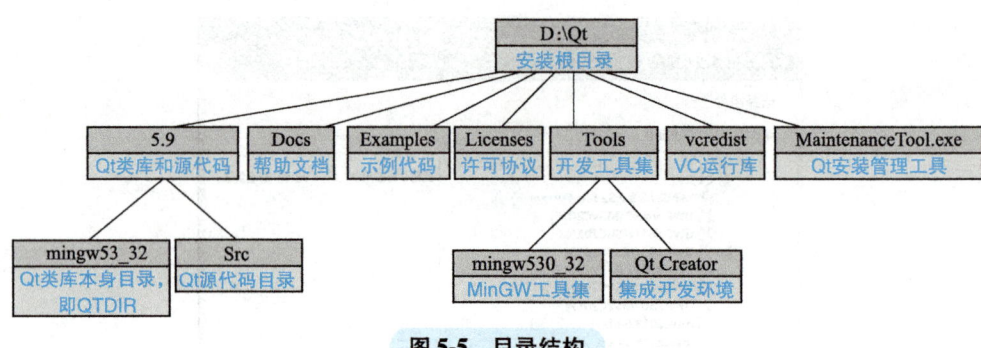

图 5-5 目录结构

线安装方式安装的，那么这个工具还可以管理开发环境组件和升级组件。Qt 类库的帮助文件位于 Docs 文件夹里，需要用 Qt Assistant 工具才能查看。Examples 中是示例代码，可以用 Qt Creator 集成开发环境打开各个示例。

3. 常用的开发工具

Qt 官方的开发环境安装包里有自己专门的开发工具，常用的 Qt 开发工具及说明见表 5-2。

表 5-2 常用的 Qt 开发工具

工 具	说 明
qmake	核心的项目构建工具，可以生成跨平台的 .pro 项目文件，并能依据不同的操作系统和编译工具生成相应的 Makefile，用于构建可执行程序或链接库
UIC	User Interface Compiler，用户界面编译器，Qt 使用 XML 语法格式的 .ui 文件定义用户界面，UIC 根据 .ui 文件生成用于创建用户界面的 C++代码头文件，如 ui_*****.h
MOC	Meta-Object Compiler，元对象编译器，MOC 处理 C++头文件的类定义里面的 Q_OBJECT 宏，会生成源代码文件，如 moc_*****.cpp，其中包含相应类的元对象代码。元对象代码主要用于实现 Qt 信号和槽机制、运行时类型定义、动态属性系统
RCC	Resource Compiler，资源文件编译器，负责在项目构建过程中编译 .qrc 资源文件，将资源嵌入最终的 Qt 程序里
qtcreator	集成开发环境，包含项目生成管理、代码编辑、图形界面可视化编辑、编译生成、程序调试、上下文帮助、版本控制系统集成等众多功能，还支持手机和嵌入式设备的程序生成部署
assistant	Qt 助手，帮助文档浏览查询工具。Qt 库所有模块和开发工具的帮助文档、示例代码等都可以检索到，是 Qt 开发必备神器，也可用于人们自学 Qt
designer	Qt 设计师，专门用于可视化编辑图形用户界面（所见即所得），生成 .ui 文件来用于 Qt 项目
linguist	Qt 语言家，代码里用 tr( )宏包裹的是可翻译的字符串，开发人员可用 lupdate 命令生成项目的待翻译字符串文件 .ts，用 linguist 翻译多国语言 .ts，翻译完成后用 lrelease 命令生成 .qm 文件，然后就可用于多国语言界面显示
qmlscene	在 Qt 4.x 中，用 qmlviewer 进行 QML 程序的原型设计和测试。在 Qt 5 中，用 qmlscene 取代了 qmlviewer。qmlscene 还支持 Qt 5 中的新特性 scenegraph

4. 第一个 Qt 程序

启动 Qt Creator，会出现图 5-6 所示的启动界面。

Qt Creator 的启动界面很简洁。上方是主菜单栏，左侧是主工具栏，窗口的中间部分是工作区。根据设计内容的不同，工作区会显示不同的内容。

如图 5-6 所示，工作区的左侧有"Projects""示例""教程""Get Started Now"几个按钮，单击后会在主工作区显示相应的内容。

模块5　Qt界面开发

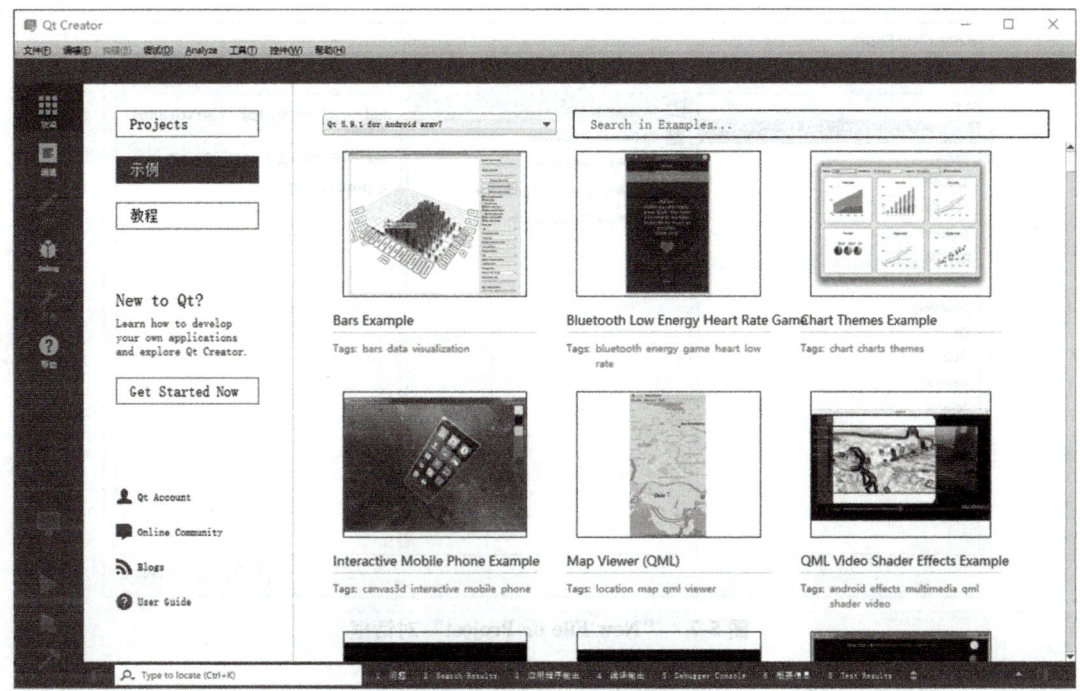

图 5-6　Qt Creator 启动界面

➤ 单击"Projects"按钮后，工作区会显示新建项目按钮和最近打开项目的列表。

➤ 单击"示例"按钮后，工作区会显示 Qt 自带的大量示例，选择某个示例就可以在 Qt Creator 中打开该项目的源程序。

➤ 单击"教程"按钮后，工作区会显示各种视频教程，查看视频教程需要联网并使用浏览器打开。

➤ 单击"Get Started Now"按钮后，工作区会显示"Qt Creator Manual"帮助主题内容。

下面创建第一个 Qt 项目。在 Qt Creator 的菜单项中选择"文件"→"新建文件或项目"命令，出现图 5-7 所示的对话框，在这里选择需要创建的项目或文件的模板。

Qt Creator 可以创建多种项目，在最左侧的列表框中单击"Application"选项，中间的列表框中就会列出可以创建的应用程序的模板。各类应用程序如下。

➤ Qt Widgets Application：支持桌面平台有图形用户界面（Graphic User Interface，GUI）的应用程序。GUI 的设计完全基于 C++语言，采用 Qt 提供的一套 C++类库。

➤ Qt Console Application：控制台应用程序，无 GUI 界面，一般用于学习 C/C++语言，只需要简单的输入/输出操作就可创建此类项目。

➤ Qt Quick Application：用于创建可部署的 Qt Quick 2 应用程序。Qt Quick 是 Qt 支持的一套 GUI 开发架构，其界面设计采用 QML 语言，程序架构采用 C++语言。利用 Qt Quick 可以设计非常"炫"的用户界面，一般用于移动设备或嵌入式设备上无边框应用程序的设计。

➤ Qt Quick Controls 2 Application：可创建基于 Qt Quick Controls 2 组件的可部署的 Qt Quick 2 应用程序。Qt Quick Controls 2 组件只有 Qt 5.7 及以后版本才有。

➤ Qt Canvas 3D Application：可创建 Qt Canvas 3D QML 项目，也是基于 QML 语言的界面设计，支持 3D 画布。

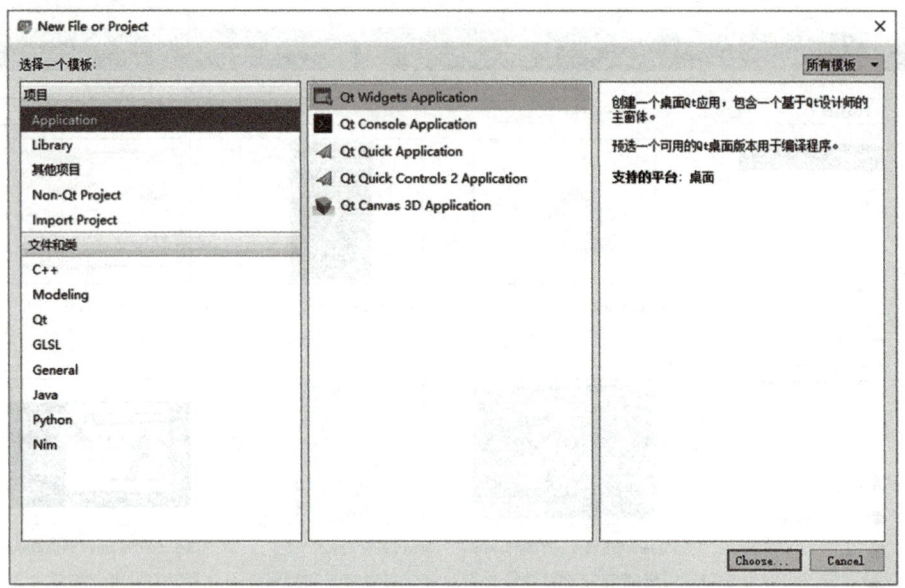

图 5-7 "New File or Project" 对话框

在图 5-7 所示的对话框中选择项目类型为 Qt Widgets Application 后，单击"Choose"按钮，出现图 5-8 所示的新建项目向导界面。

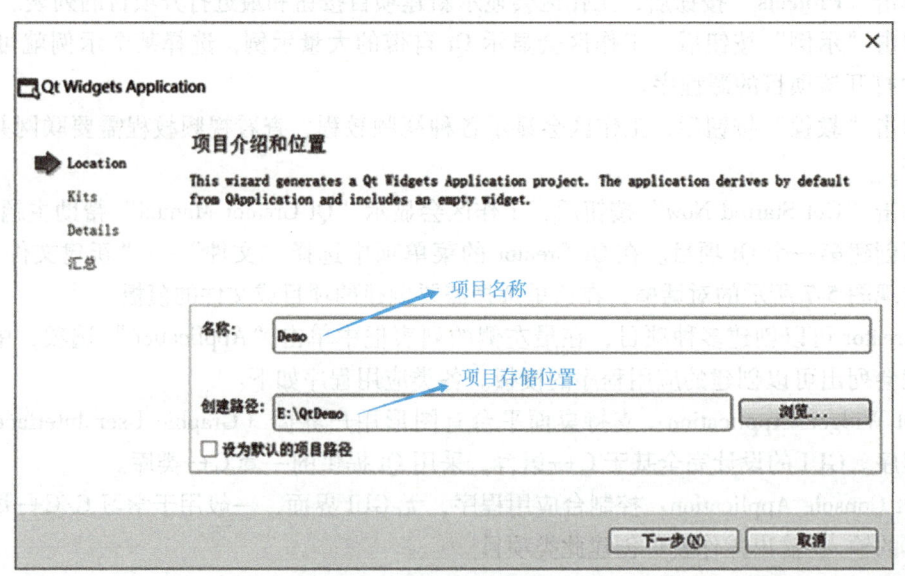

图 5-8 新建项目向导界面

先选择一个目录，如"E：\ QtDemo"，再设置项目名称为 Demo。这样，新建项目后，会在"E：\ QtDemo"目录下新建一个目录，项目所有文件都保存在目录"E：\ QtDemo \ Demo \"下。在图 5-8 中设置好项目名称和存储位置后，单击"下一步"按钮，会出现图 5-9 所示的选择编译工具界面。这里将图 5-9 中的编译工具都选中，在编译项目时再选择一个作为当前使用的编译工具，这样就可以编译生成不同版本的可执行程序。在图 5-9 所示的界面中单击"下一步"按钮，出现图 5-10 所示的界面。

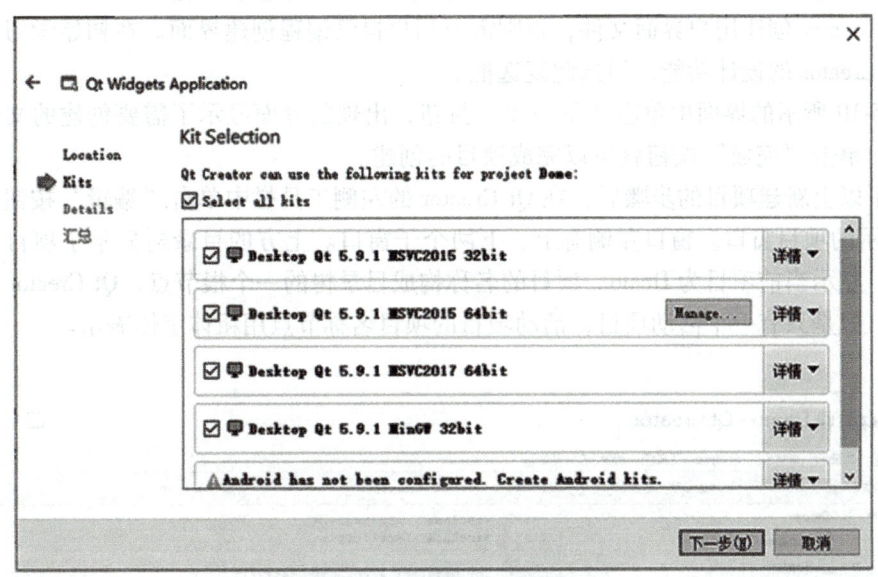

图 5-9 选择编译工具界面

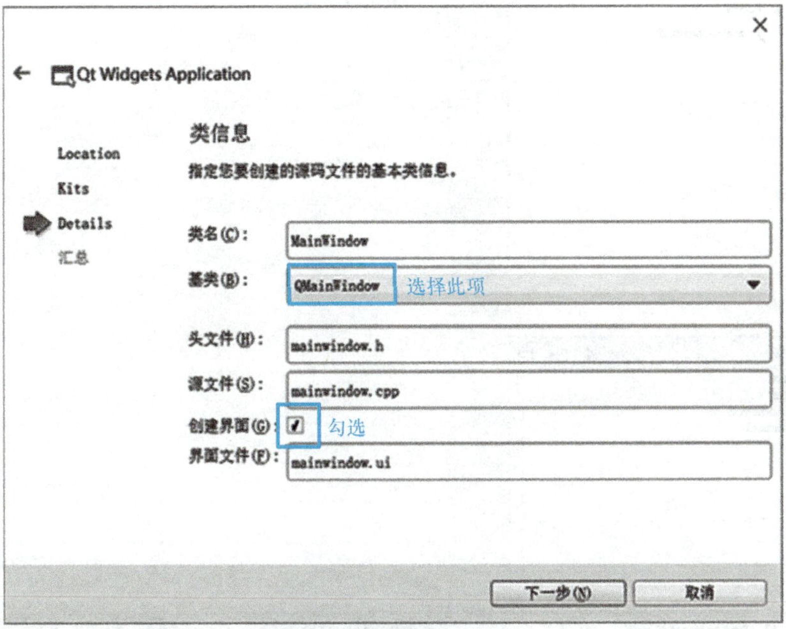

图 5-10 类信息界面

在此界面中选择需要创建界面的基类（Base Class），有 3 种基类可以选择：
➢ QMainWindow：主窗口类。主窗口具有主菜单栏、工具栏和状态栏，类似于一般的应用程序的主窗口。
➢ QWidget：所有具有可视界面类的基类，各种界面组件都可以支持 QWidget 创建的界面。

➤ QDialog：对话框类，可建立一个基于对话框的界面。

此处选择 QMainWindow 作为基类，文件名不用手动去修改。勾选"创建界面"复选框，就会由 Qt Creator 创建用户界面文件，否则需要用户自己编程创建界面。在初始学习阶段，为了了解 Qt Creator 的设计功能，勾选此复选框。

在图 5-10 所示的界面中单击"下一步"按钮，出现的界面显示了需要创建的文件和文件保存目录，单击"完成"按钮就可以完成项目的创建。

完成了以上新建项目的步骤后，在 Qt Creator 的左侧工具栏中单击"编辑"按钮，可显示图 5-11 所示的项目窗口。窗口左侧有上、下两个子窗口。上方的目录树显示了项目内文件的组织结构，显示当前项目为 Demo。项目的名称构成目录树的一个根节点，Qt Creator 可以打开多个项目，但是只有一个活动项目，活动项目的项目名称节点用粗体字体表示。

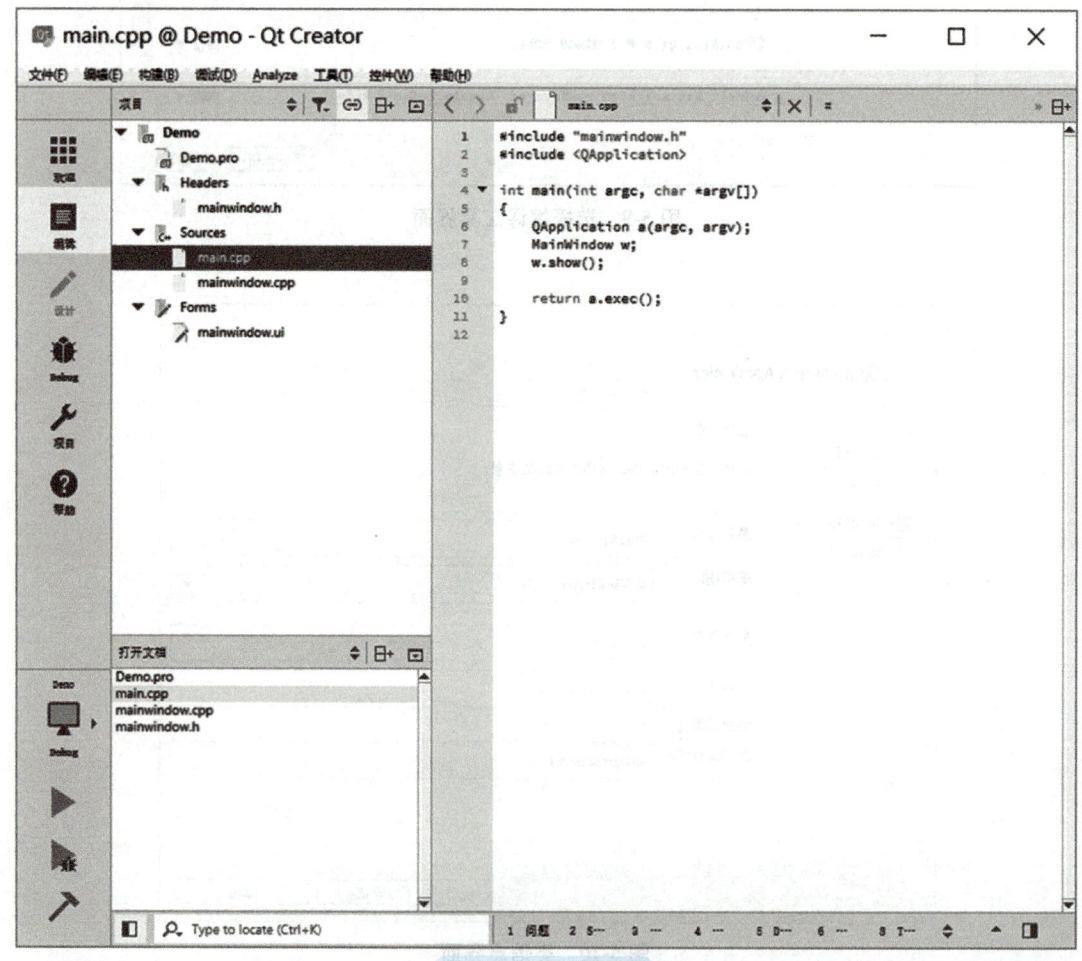

图 5-11　项目窗口

在项目名称节点下面分组显示了项目内的各种源文件，各文件及分组如下。

➤ Demo.pro：项目管理文件，包括一些对项目的设置项。

➤ Headers 分组：该节点下是项目内的所有头文件（.h），图 5-11 所示的项目中有一个头文件 mainwindow.h，是主窗口类的头文件。

➢ Sources 分组：该节点下是项目内的所有 C++源文件（.cpp），图 5-11 所示的项目中有两个 C++源文件，mainwindow.cpp 是主窗口类的实现文件，与 mainwindow.h 文件对应。main.cpp 是主函数文件，也是应用程序的入口。

➢ Forms 分组：该节点下是项目内的所有界面文件（.ui）。图 5-11 所示的项目中有一个界面文件 mainwindow.ui，是主窗口的界面文件。界面文件是文本文件，使用 XML 语言描述界面的组成。

左侧上、下两个子窗口的显示内容可以通过其上方的一个下拉列表框进行选择，选择的显示内容包括项目、打开文档、书签、文件系统、类视图、大纲等。在图 5-11 中，上方的子窗口显示了项目的文件目录树，下方的子窗口显示打开的文件列表。可以在下方的子窗口中选择显示类视图，这样下方的子窗口中会显示项目内所有类的结构，便于程序浏览和快速切换到需要的代码位置。

双击文件目录树中的文件 mainwindow.ui，出现图 5-12 所示的窗体设计界面。

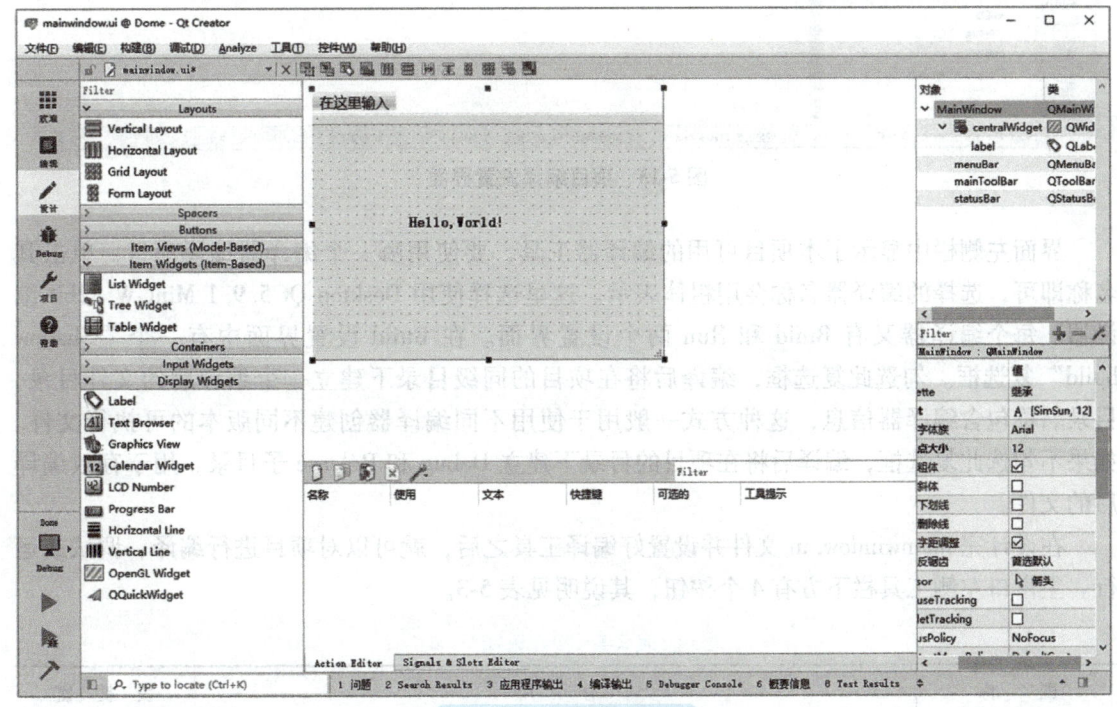

图 5-12　窗体设计界面

这个界面是 Qt Creator 中集成的 Qt Designer。窗口左侧是分组的组件面板，中间是设计的窗体。在组件面板的 Display Widgets 分组里，将一个 Label 组件拖放到设计的窗体上面。双击刚刚放置的 Label 组件，可以编辑其文字内容，这里将文字内容更改为"Hello，World！"。用户还可以在窗口右下方的属性编辑器里编辑标签的 Font 属性，这里将"点大小"更改为 12，勾选"粗体"复选框。

单击主窗口左侧工具栏中的"项目"按钮，出现图 5-13 所示的项目编译设置界面。

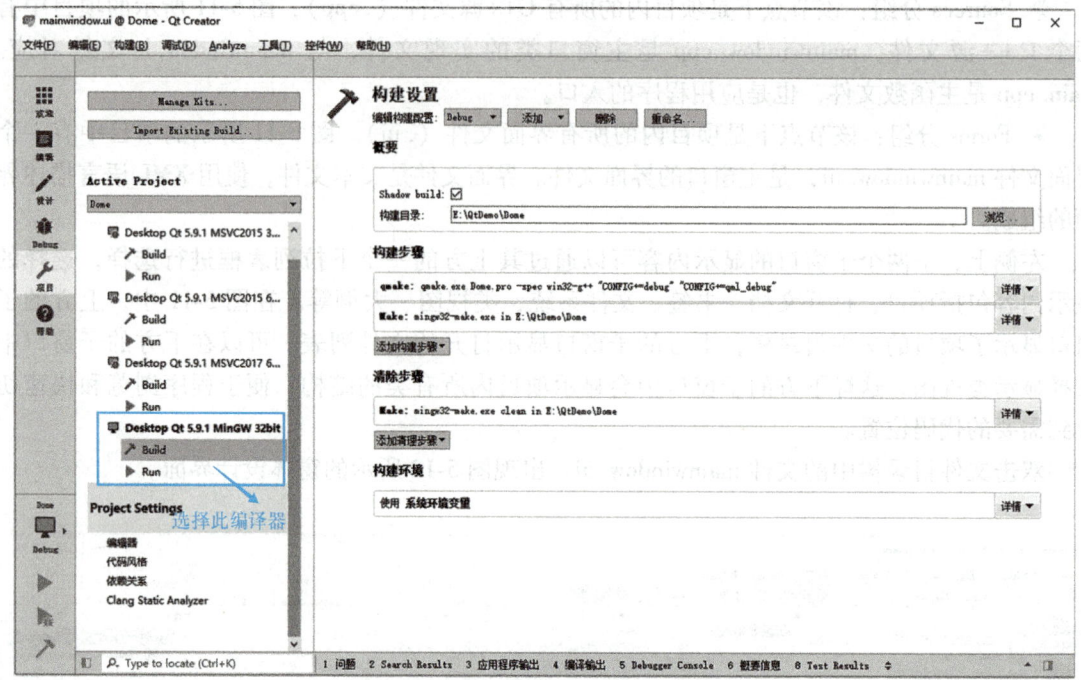

图 5-13　项目编译设置界面

界面左侧栏中显示了本项目可用的编译器工具，要使用哪一个编译器编译项目，单击其名称即可，选择的编译器名称会用粗体表示。这里选择使用 Desktop Qt 5.9.1 MinGW 32bit 编译器。每个编译器又有 Build 和 Run 两个设置界面。在 Build 设置界面中有一个"Shadow build"复选框。勾选此复选框，编译后将在项目的同级目录下建立一个编译后的文件目录，目录名称包含编译器信息，这种方式一般用于使用不同编译器创建不同版本的可执行文件。如果不勾选此复选框，编译后将在项目的目录下建立 Debug 和 Release 子目录，用于存放编译后的文件。

在设计完 mainwindow.ui 文件并设置好编译工具之后，就可以对项目进行编译、调试或运行。主窗口左侧工具栏下方有 4 个按钮，其说明见表 5-3。

表 5-3　按钮说明

图　标	作　用	快　捷　键
	弹出菜单选择编译工具和编译模式，如 Debug 或 Release 模式	
	直接运行程序，如果修改后未编译，就会先进行编译。即使在程序中设置了断点，此方式运行的程序也无法调试	Ctrl+R
	项目需要以 Debug 模式编译，单击此按钮开始调试运行，可以在程序中设置断点。若是以 Release 模式编译，那么单击此按钮也无法进行调试	F5
	编译当前项目	Ctrl+B

首先对项目进行编译，没有错误后再运行程序。程序运行的结果如图 5-14 所示。这是一个标准的桌面应用程序，采用可视化的方式设计了一个窗口，并在上面显示字符串“Hello，World!”。

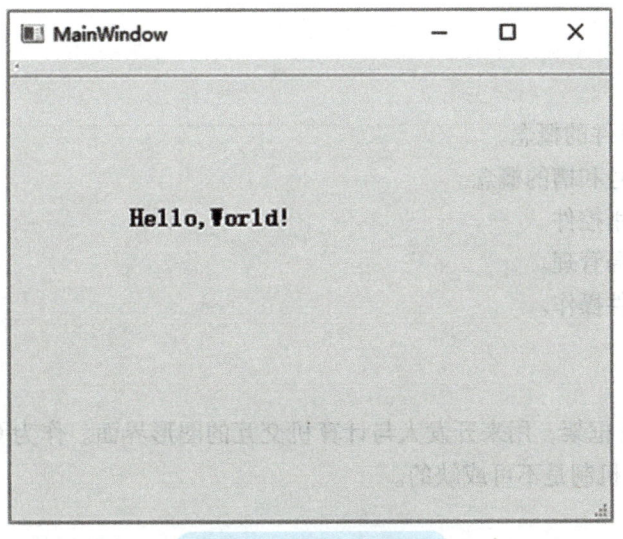

图 5-14 程序运行结果

练习与思考

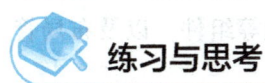

一、简答题

1. 简述什么是 Qt。

2. Qt 的用途是什么?

3. 你都接触过哪些 UI 开发工具？对比 Qt，你感觉它的优、劣势是什么?

二、实践题

1. 在 Windows 系统中下载并安装 QT 5.9 版本。
2. 创建一个简单的 Qt 程序。

任务 5.2　Qt 的应用

 任务目标

1. 掌握控件和事件的概念。
2. 掌握 Qt 的信号和槽的概念。
3. 掌握 Qt 的常用控件。
4. 掌握 Qt 的布局管理。
5. 掌握 Qt 的文件操作。

 任务描述

Qt 是著名的 GUI 框架，用来开发人与计算机交互的图形界面。作为 GUI 框架，具有丰富的控件和灵活的事件机制是不可或缺的。

任务分析

本任务通过理论讲解与代码实践介绍 Qt 控件与事件的概念、信号与槽的概念，并且分别介绍文本框、单行输入框、列表框、表格控件、树形控件、消息对话框等组件，以及布局管理与文件操作。

5.2.1　Qt 控件与事件

1. Qt 控件

Qt 控件又称组件或者部件，指用户看到的所有可视化界面以及界面中的各个元素，如按钮、文本框、输入框等。为了方便程序员开发，Qt 提供了很多现成的控件。打开某个带 UI 文件的 Qt Widgets Application 项目，UI 文件的 Widget Box 一栏展示了 Qt 提供的几乎所有控件，如图 5-15 所示。

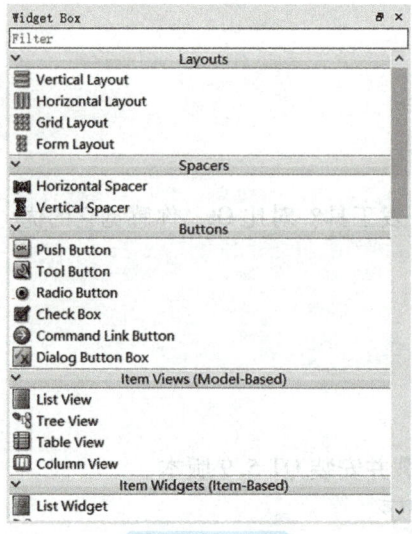

图 5-15　控件

Qt 中的每个控件都由特定的类表示，每个控件类都包含一些常用的属性和方法，所有的控件类都直接或者间接继承自 QWidget 类。实际开发中，可以使用 Qt 提供的这些控件，也可以通过继承某个控件类的方式自定义一个新的控件。

Qt 中所有可视化的元素都称为控件，带有标题栏、关闭按钮的控件称为窗口。例如，图 5-16 所示为两种常用的窗口，实现它们的类分别是 QMainWindow 和 QDialog。

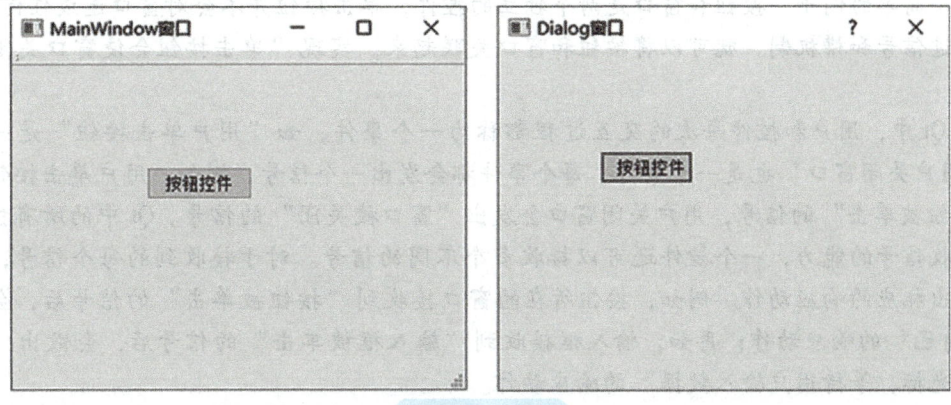

图 5-16　窗口

QMainWindow 类生成的窗口自带菜单栏、工具栏和状态栏，中央区域还可以添加多个控件，常用来作为应用程序的主窗口。

QDialog 类生成的窗口非常简单，没有菜单栏、工具栏和状态栏，但可以添加多个控件，常用来制作对话框。

除了 QMainWindow 和 QDialog 类之外，还可以使用 QWidget 类，它的用法非常灵活，既可以用来制作窗口，也可以作为某个窗口上的控件。

窗口很少单独使用，它的内部往往会包含很多控件。例如图 5-16 中，分别向 MainWindow 和 Dialog 窗口中放置了一个按钮控件，根据需要还可以放置更多的控件。当窗口弹出时，窗口包含的所有控件会一同出现；当窗口关闭时，窗口上的所有控件也会随之消失。

2. 事件

Qt 事件是指应用程序和用户之间的交互过程，如用户单击某个按钮、单击某个输入框等。实际上，除了用户会与应用程序进行交互外，操作系统也会与应用程序进行交互，例如当某个定时任务触发时，操作系统会关闭应用程序，这也是一个事件。

Qt 界面程序的 main() 主函数中首先要创建一个 QApplication 类的对象，函数执行结束前还要调用 QApplication 对象的 exec() 函数。一个 Qt 界面程序要想接收事件，main() 函数中就必须调用 exec() 函数，它的功能是使程序能够持续不断地接收各种事件。Qt 程序可以接收的事件种类很多，如鼠标单击事件、鼠标滚轮事件、键盘输入事件、定时事件等。每接收一个事件，Qt 就会分派给相应的事件处理函数来处理。所谓事件处理函数，本质上是一个普通的类成员函数。以用户单击某个 QPushButton 按钮为例，Qt 会分派给 QPushButton 类中的 mousePressEvent() 函数处理。

事件处理函数通常会完成两项任务，分别是：

➢ 修改控件的某些属性，如当用户单击按钮时，按钮的背景颜色会发生改变，从而提示用户已经成功地单击了按钮。

➢ 运用信号和槽机制处理事件。信号和槽是 Qt 中处理事件常用的方法，下面会详细介绍。

5.2.2　Qt 信号与槽

信号和槽是 Qt 特有的消息传输机制，它能将相互独立的控件关联起来。

举个简单的例子，按钮和窗口是两个独立的控件，单击按钮并不会对窗口造成任何影响，然而通过信号和槽机制，就可以将按钮和窗口关联起来，实现"单击按钮会使窗口关闭"的效果。

在 Qt 中，用户和控件每次的交互过程都称为一个事件，如"用户单击按钮"是一个事件，"用户关闭窗口"也是一个事件。每个事件都会发出一个信号，例如，用户单击按钮会发出"按钮被单击"的信号，用户关闭窗口会发出"窗口被关闭"的信号。Qt 中的所有控件都具有接收信号的能力，一个控件还可以接收多个不同的信号。对于接收到的每个信号，控件都会做出相应的响应动作。例如，按钮所在的窗口接收到"按钮被单击"的信号后，会做出"关闭自己"的响应动作；再如，输入框接收到"输入框被单击"的信号后，会做出"显示闪烁的光标，等待用户输入数据"的响应动作。

在 Qt 中，对信号做出的响应动作称为槽。信号与槽如图 5-17 所示。

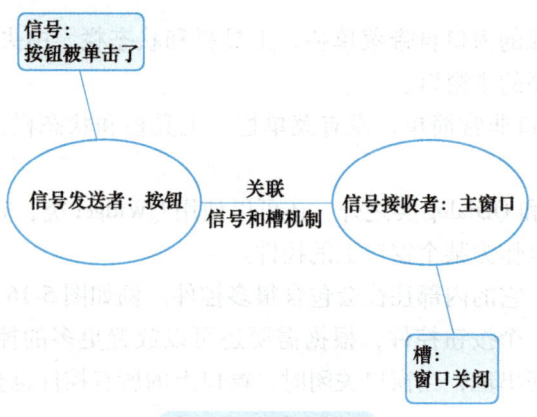

图 5-17　信号与槽

信号和槽机制是通过函数间的相互调用实现的。每个信号都可以用函数来表示，称为信号函数；每个槽也可以用函数表示，称为槽函数。例如，"按钮被按下"这个信号可以用 clicked() 函数表示，"窗口关闭"这个槽可以用 close() 函数表示。信号和槽机制实现"单击按钮会关闭窗口"的功能，其实就是 clicked() 函数调用 close() 函数的效果。信号函数和槽函数通常位于某个类中，和普通的成员函数相比，它们的特别之处在于：信号函数用 signals 关键字修饰，槽函数用 public slots、protected slots 或者 private slots 修饰。signals 和 slots 是 Qt 在 C++ 的基础上扩展的关键字，专门用来指明信号函数和槽函数。

信号函数只需要声明，不需要定义（实现），而槽函数需要定义（实现）。为了提高程序员的开发效率，Qt 的各个控件类都提供了一些常用的信号函数和槽函数。例如，QPushButton 类提供了 4 个信号函数和 5 个 public slots 属性的槽函数，可以满足大部分场景的需要。实际开发中，可以使用 Qt 提供的信号函数和槽函数，也可以根据需要自定义信号函数和槽函数。

注意，并非所有的控件之间都能通过信号和槽关联起来，信号和槽机制只适用于满足以

下条件的控件:

> 控件类必须直接或者间接继承自 QObject 类。Qt 提供的控件类都满足这一条件。
> 控件类中必须包含 private 属性的 Q_OBJECT 宏。
> 将某个信号函数和某个槽函数关联起来，需要借助 QObject 类提供的 connect() 函数。

connect() 是 QObject 类中的一个静态成员函数，专门用来关联指定的信号函数和槽函数。关联某个信号函数和槽函数，需要搞清楚以下 4 个问题:

> 信号发送者是谁？
> 哪个是信号函数？
> 信号的接收者是谁？
> 哪个是接收信号的槽函数？

下面用示例代码演示，创建一个不含 UI 文件的 Qt Widgets Application 项目，只保留 main.cpp 源文件，删除 mainwindow.h 和 mainwindow.cpp 文件。在 main.cpp 文件中编写如下代码:

```cpp
#include <QApplication>
#include <QWidget>
#include <QPushButton>
int main(int argc,char *argv[])
{
  QApplication a(argc,argv);
  //添加窗口
  QWidget widget;
  //定义一个按钮,它位于widget窗口中
  QPushButton But("按钮控件",&widget);
  //设置按钮的位置和尺寸
  But.setGeometry(10,10,100,50);
  //信号与槽,当用户单击按钮时,widget窗口关闭
QObject::connect ( &But, &QPushButton::clicked, &widget, &QWidget::close);
  //让 widget 窗口显示
  widget.show();
  return a.exec();
}
```

运行以上代码，由于使用了 connect() 函数将 But 的 clicked() 信号函数和 widget 的 close() 槽函数关联起来，所以生成了"单击按钮后主窗口关闭"的效果。

5.2.3 QLabel 文本框

QLabel 可以解释为 "Qt 的 Label"，即 Qt 提供的一种文本控件，它的基础功能是显示一串文本。如图 5-18 所示是一个普通的文本框。

除了显示一串文本外，QLabel 控件上还可以放置图片、超链接、动画等内容。本质上，

每个文本框都是 QLabel 类的一个实例对象。QLabel 类提供了两个构造函数，分别是：

QLabel（QWidget * parent = Q_NULLPTR，Qt::WindowFlags f=Qt::WindowFlags()）

QLabel（const QString & text，QWidget * parent=Q_NULLPTR，Qt::WindowFlags f=Qt::WindowFlags()）

参数的含义如下：
- text 参数：用于指定文本框中显示的文字。
- parent 参数：用于指定文本框的父窗口。
- WindowFlags：一种枚举类型。
- f 参数：用来设置文本框的一些系统属性和外观属性，默认值为 Qt::Widget，表示当不指定父窗口时，文本框将作为一个独立窗口，反之则作为父窗口中的一个控件。f 参数的可选值很多，如 Qt::Window 表示文本框将作为一个独立的窗口，它自带边框和标题栏。Qt::ToolTip 表示文本框将作为一个提示窗口，不带边框和标题栏等。

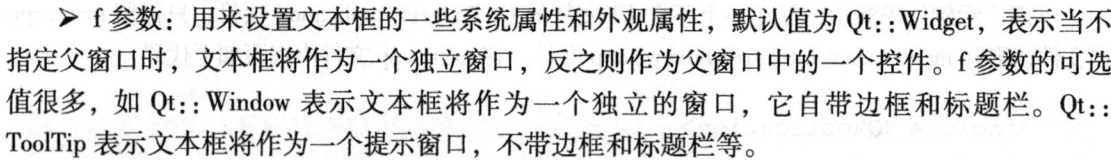

图 5-18　文本框

需要注意的是，第一个构造函数中的 parent 和 f 参数都有默认值，因此，QLabel 类还隐含了一个默认构造函数。也就是说，创建 QLable 对象时可以不传递任何参数，或者只给 text 参数传递一个字符串，就可以成功创建一个文本框。通常情况下，会给 text 和 parent 参数传递相应的值，即在创建文本框的同时指定文本内容和父窗口。

QLabel 类本身提供了很多属性和方法，它还从父类继承了很多属性和方法。表 5-4 所示为 QLabel 类常用的一些属性及含义。

表 5-4　QLabel 类常用的属性及含义

属　　性	含　　义
alignment	保存 QLabel 控件中内容的对齐方式，默认情况下，QLabel 控件中的内容保持左对齐和垂直居中 该属性的值可以通过调用 alignment()方法获得，也可以借助 setAlignment()方法修改
text	保存 QLabel 控件中的文本，如果 QLabel 控件中没有文本，则 text 的值为空字符串 该属性的值可以通过 text()方法获得，也可以借助 setText()方法修改
pixmap	保存 QLabel 控件内显示的图片，如果控件内没有设置图片，则 pixmap 的值为 0 该属性的值可以通过调用 pixmap()方法获得，也可以借助 setPixmap()方法修改
selectedText	保存 QLabel 控件中被选择了的文本，当没有文本被选择时，selectedText 的值为空字符串 该属性的值可以通过调用 selectedText()方法获得
hasSelectedText	判断用户是否选择了 QLabel 控件内的部分文本，如果是，则返回 true，反之则返回 false。默认情况下，该属性的值为 false
indent	保存 QLabel 控件中文本的缩进量，文本的缩进方向和 alignment 属性的值有关 该属性的值可以通过调用 indent()方法获得，也可以借助 setIndent()方法修改
margin	保存 QLabel 控件中内容与边框之间的距离（边距），margin 的默认值为 0 该属性的值可以通过调用 margin()方法获得，也可以借助 setMargin()方法修改
wordWrap	保存 QLabel 控件中文本的换行策略。当该属性的值为 true 时，控件内的文本会在必要时自动换行。默认情况下，控件内的文本是禁止自动换行的 该属性的值可以通过 wordWrap()方法获得，也可以借助 setWordWrap()方法修改

除了表 5-4 中提到的获取和修改属性值的成员方法外，表 5-5 给列出了一些常用的操作 QLabel 控件的成员方法及功能，它们有些定义在 QLabel 类内，有些是通过继承父类得到的。

表 5-5 操作 QLabel 控件的成员方法

成 员 方 法	功　　能
hide()	隐藏文本框
clear()	清空 QLabel 控件内所有显示的内容
setToolTip（QString）	设置信息提示，当用户的鼠标指针放在 QLabel 文本框上时会自动跳出文字
setToolTipDuration（int）	设置提示信息出现的时间，单位是 ms
setStyleSheet（QString）	设置 QLabel 文本框的样式
setGeometry（int x, int y, int w, int h）	设置 QLabel 文本框的位置（x,y）以及尺寸（w,h）

QLabel 控件可用来显示文本、图像等内容，从而很好地与用户交互。但是，当 QLabel 控件内包含超链接内容时，则可以使用 QLabel 类提供的两个信号函数，见表 5-6。

表 5-6 信号函数

信 号 函 数	功　　能
linkActivated（const QString & link）	用户单击超链接时触发，link 参数用于向槽函数传输超链接的 URL
linkHovered（const QString & link）	用户的鼠标指针悬停到超链接位置时触发，link 参数用于向槽函数传输超链接的 URL

QLabel 控件提供了很多槽函数，见表 5-7。

表 5-7 槽函数

槽 函 数	功　　能
clear()	清空 QLabel 控件内所有的内容
setMovie（QMovie * movie）	清空 QLabel 控件内所有的内容，改为显示指定的 movie 动画
setNum（int num）	清空 QLabel 控件内所有的内容，改为显示 num 整数的值
setNum（double num）	清空 QLabel 控件内所有的内容，改为显示 num 小数的值
setPicture（const QPicture & picture）	清空 QLabel 控件内所有的内容，改为显示经 QPicture 类处理的图像
setPixmap（const QPixmap &）	清空 QLabel 控件内所有的内容，改为显示经 QPixmap 类处理的图像
setText（const QString &）	清空 QLabel 控件内所有的内容，改为显示指定的文本

示例：演示 QLabel 控件中一些属性和方法的使用，代码如下：

```cpp
#include <QApplication>
#include <QLabel>
int main(int argc, char * argv[])
{
    QApplication a(argc, argv);
    //创建一个文本框
    QLabel lab;
    //设置文本框内容居中显示
    lab.setAlignment(Qt::AlignCenter);
    //设置文本框的坐标和尺寸
    lab.setGeometry(100,100,400,400);
    //设置文本框的外观,包括字体的大小和颜色、按钮的背景色
    lab.setStyleSheet("QLabel{font:30px;color:red;background-color:rgb(f9,f9,f9);}");
    //设置文本框要显示超链接内容
    lab.setText("<a href=\"http://\">工业 UI ");
    //当鼠标指针位于文本框上时显示提示内容
    lab.setToolTip("单击超链接显示 URL");
    //提示内容显示 1s
    lab.setToolTipDuration(1000);
    //为文本框设置信号和槽,当用户单击超链接时,将文本框内容改为超链接的 URL

QObject::connect(&lab,&QLabel::linkActivated,&lab,&QLabel::setText);
    //程序运行后,文本框显示
    lab.show();
    return a.exec();
}
```

5.2.4 QPushButton 按钮

按钮是 GUI 开发中最常用到的一种控件。Qt 提供了很多种按钮,如 QPushButton(普通按钮)、QRadioButton(单选按钮)、QToolButton(工具栏按钮)等。QPushButton 是实际开发中最常使用的一种按钮,本节详细讲解它的用法。

QPushButton 类间接继承自 QWidget 类,它的继承关系为 QPushButton→QAbstractButton→QWidget。QAbstractButton 类是所有按钮控件类的基类,包含很多通用的按钮功能。QPushButton 按钮上除了可以放置一串文本外,文本左侧还可以放置图标,必要时还可以在按钮上放置图片。QPushButton 按钮可以作为一个独立的窗口,但实际开发中很少这样用,通常

的用法是作为一个子控件和其他控件搭配使用。QPushButton 类提供了 3 个构造函数,分别是:

QPushButton(QWidget * parent=Q_ NULLPTR)

QPushButton(const QString & text,QWidget * parent=Q_ NULLPTR)

QPushButton(const QIcon & icon,const QString & text,QWidget * parent=Q_ NULLPTR)

parent 参数用于指定父窗口;text 参数用于设置按钮上要显示的文字;icon 参数用于设置按钮上要显示的图标。注意,第一个构造函数的 parent 参数附有默认值,所以 QPushButton 类还隐含一个默认构造函数。也就是说,实例化 QPushButton 类对象时可以不传递任何参数。

QPushButton 类提供了很多实用的属性和方法,它还从父类继承了很多属性和方法。表 5-8 所示为 QPushButton 类常用的属性及其含义。

表 5-8 QPushButton 类常用的属性及其含义

属性	含义
text	该属性保存按钮上要显示的文字 该属性的值可以通过 text()方法获取,也可以通过 setText(const QString & text)方法修改
icon	该属性保存按钮左侧要显示的图标 该属性的值可以通过 icon()方法获取,也可以通过 setIcon(const QIcon & icon)方法修改
iconsize	该属性保存按钮左侧图标的尺寸 该属性的值可以通过 iconSize()方法获取,也可以通过 setIconSize(const QSize & size)方法修改
size	该属性保存按钮的尺寸 该属性的值可以通过 size()方法获取,也可以通过 resize(int w, int h)或者 resize(const QSize &)方法修改
font	该属性保存按钮上文字的字体和大小 该属性的值可以通过 font()方法获取,也可以通过 setFont(const QFont &)方法修改
flat	初始状态下,该属性表示按钮是否显示边框。flat 属性的默认值为 flase,表示按钮带有边框 该属性的值可以通过 isFlat()方法获取,也可以通过 setFlat(bool)方法修改
enabled	该属性表示指定按钮是否可以被单击 该属性的默认值为 true,表示按钮可以被单击,即按钮处于启用状态 当该属性的值为 false 时,按钮将不能被单击,处于禁用状态 该属性的值可以通过 isEnabled()方法获取,也可以通过 setEnabled(bool)方法进行修改
autoDefault	当用户按下<Enter>键时,该属性表示是否触发单击按钮的事件 当按钮的父窗口为 QDialog 窗口时,该属性的值为 true;其他情况下,该属性的默认值为 false 该属性的值可以通过 autoFault()方法获取,也可以通过 setAutoFault(bool)方法修改

QPushButton 类常用的成员方法及其功能见表 5-9。

表 5-9 QPushButton 类常用的成员方法及其功能

方法	功能
move(int x,int y)	手动指定按钮位于父窗口中的位置

(续)

方法	功能
setStyleSheet（const QString & styleSheet）	自定义按钮的样式，包括按钮上文字或图片的显示效果、按钮的形状等
setGeometry(int x, int y, int w, int h)	同时指定按钮的尺寸和位置
adjustSize( )	根据按钮上要显示的内容自动调整按钮的大小
setDisabled(bool disable)	指定按钮是否可以被单击。当 disable 值为 true 时，表示按钮不能被单击，即禁用按钮的功能

GUI 程序中，按钮的主要任务是完成与用户之间的交互，表 5-10 和表 5-11 所示为 QPushButton 类常用的信号函数和槽函数。

表 5-10 信号函数及其功能

信号函数	功能
clicked( ) clicked（bool checked=false）	用户单击按钮（或者按下按钮对应的快捷键）并释放后，触发此信号
pressed( )	用户按下按钮时会触发此信号
released( )	用户松开按钮时会触发此信号

表 5-11 槽函数及其功能

槽函数	功能
click( )	单击指定的按钮
setIconSize( )	重新设置按钮上图片的尺寸
hide( )	隐藏按钮控件
setMenu（QMenu * menu）	弹出与按钮关联的菜单

示例：演示 QPushButton 按钮的用法。

```
#include <QApplication>
#include <QWidget>
#include <QPushButton>
int main(int argc,char * argv[])
{
```

```
QApplication a(argc,argv);
QWidget widget;
//设置 widget 窗口的标题
widget.setWindowTitle("QWidget 窗口");
//创建一个按钮,并内嵌到 widget 窗口中
QPushButton but("QPushButton 按钮",&widget);
//按钮的位置位于 widget 窗口左上角(100,100)的位置
but.move(100,100);
//设置按钮上文字的大小
but.setStyleSheet("QPushButton{font:20px;}");
//调整按钮的尺寸
but.resize(200,200);
//建立信息和槽,当用户单击并释放按钮后,该按钮隐藏
QObject::connect(&but,&QPushButton::clicked,&but,&QPushButton::hide);
widget.show();
return a.exec();
}
```

5.2.5 QLineEdit 单行输入框

QLineEdit 是 Qt 提供的一个控件类,它直接继承自 QWdiget 类,专门用来创建单行输入框,如图 5-19 所示。

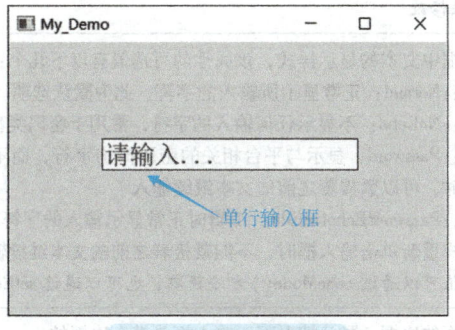

图 5-19 单行输入框

实际开发中经常用到 QLineEdit 输入框。如接收用户输入的个人信息、账户信息、角色名称等,要 QLineEdit 实现。

每个单行输入框都是 QLineEdit 类的一个实例对象。QLineEdit 类提供了两个构造函数,分别是:

QLineEdit（QWidget * parent=Q_ NULLPTR）

QLineEdit（const QString & contents, QWidget * parent=Q_ NULLPTR）

contents 参数用于指定输入框中的文本内容；parent 参数用于指定新建输入框控件的父窗

口，新建输入框将会内嵌到父窗口上，作为父窗口的一个子控件。也可以不指定父窗口，那么，新建的输入框就会作为独立的窗口。在 QLineEdit 输入框中，用户可以直接输入一行文本，也可以粘贴一行文本，还可以修改输入框内的文本。在某些实际场景中，QLineEdit 输入框还可以对用户输入的内容加以限定，如：

> 限定文本的长度，例如用户最多可以输入 20 个字符。
> 输入文本的格式，例如用户输入出生日期时，必须按照"yy-mm-dd"的格式输入。
> 输入的文本内容，例如当前输入框仅允许用户输入数字，或者只允许用户输入英文字符。

QLineEdit 类的内部提供了很多实用的属性和方法，同时还从 QWidget 父类处继承了一些属性和方法。表 5-12 所示为 QLineEdit 类对象经常调用的一些属性以及它们各自的含义。

表 5-12 属性及其含义

属 性	含 义
text	该属性保存输入框中的文本 该属性的值可以通过 text() 方法获取，也可以通过 setText (const QString &) 方法修改
maxLength	设置输入框中最大可以放置的文本长度。当文本长度超出最大限度后，超出部分将被丢弃。默认情况下，maxLength 的值为 32767 该属性的值可以通过 maxLength() 函数获得，也可以通过 setMaxLength (int) 方法修改
placeholderText	设置提示信息，例如当用户未选中输入框时，输入框中显示"请输入..."，而用户选中输入框时，"请输入..."随之消失 该属性的值可以通过 placeholderText() 方法获取，也可以通过 setPlaceholderText (const QString &) 方法修改
clearButtonEnabled	当输入框中有文本时，输入框的右侧可以显示"一键清除"按钮。该属性的默认值为 false，即输入框中不会自动显示清除按钮 该属性的值可以通过 isClearButtonEnabled() 方法获取，也可以通过 setClearButtonEnabled (bool enable) 方法修改
echoMode	设定输入框中文本的显示样式，该属性的可选值有以下几个： QLineEdit::Normal：正常显示所输入的字符，此为默认选项 QLineEdit::NoEcho：不显示任何输入的字符，常用于密码类型的输入，且长度保密 QLineEdit::Password：显示与平台相关的密码掩饰字符，而不是实际输入的字符。当用户重新单击输入框时，可以紧接着之前的文本继续输入 QLineEdit::PasswordEchoOnEdit：编辑时正常显示输入的字符，编辑完成后改为用密码掩饰字符显示。当用户重新单击输入框时，不能紧接着之前的文本继续输入 该属性的值可以通过 echoMode() 方法获取，也可以通过 setEchoMode (EchoMode) 方法修改
frame	控制输入框的边框。默认情况下，输入框是带有边框的 该属性的值可以通过 hasFrame() 方法获取，也可以通过 setFrame (bool) 方法修改

QLineEdit 类还提供了一些功能实用的方法，成员方法及其功能见表 5-13。

表 5-13 成员方法及其功能

成员方法	功 能
move(int x, int y)	指定输入框位于父窗口中的位置
setValidator(const QValidator * v)	限制输入框中的文本内容，如输入框只包含整数

(续)

成员方法	功　能
setReadOnly(bool)	设置输入框是否进入只读状态。在只读状态下，用户仍可以采用粘贴、拖动的方式向输入框中放置文本，但无法进行编辑
setAlignment(Qt::Alignment flag)	设置输入框中输入文本的位置

QLineEdit 类提供了几个信号函数，分别对应用户的几种输入状态，信号函数及其功能见表 5-14。

表 5-14　信号函数及其功能

信 号 函 数	功　能
textEdited（const QString & text）	当用户编辑输入框中的文本时，此信号函数就会触发，text 参数即为用户新编辑的文本 注意，当程序试图通过 setText() 方法修改输入框中的文本时，不会触发此信号函数
textChanged（const QString & text）	只要输入框中的文本内容发生变化，就会触发此信号函数
returnPressed()	用户按下 <Enter> 键时，会触发此信号函数
editingFinished()	用户按下 <Enter> 键，或者使用鼠标单击输入框外的其他位置时，会触发此信号函数

QLineEdit 类常用的槽函数有以下几个，槽函数及其功能见表 5-15。

表 5-15　槽函数及其功能

槽 函 数	功　能
clear()	清空文本框中的内容
setText(const QString &)	重新指定文本框中的内容

示例：演示 QLineEdit 单行输入框控件的基本用法，以及几个成员方法的用法。代码如下：

```cpp
#include <QApplication>
#include <QWidget>
#include <QLineEdit>
using namespace std;
int main(int argc, char * argv[])
{
    QApplication a(argc, argv);
    //创建一个窗口,作为输入框的父窗口
    QWidget widget;
    //设置窗口的标题
    widget.setWindowTitle("QWidget 窗口");
```

```cpp
//接下来分别创建两个输入框,让用户分别输入账号和密码
//创建账号输入框
QLineEdit lineEdit(&widget);
//指定输入框位于父窗口中的位置
lineEdit.move(100,100);
//设置提示信息
lineEdit.setPlaceholderText("请输入账号...");
//让输入框显示"一键清除"按钮
lineEdit.setClearButtonEnabled(true);

//创建密码输入框
QLineEdit lineEditPass(&widget);
lineEditPass.setPlaceholderText("请输入密码...");
lineEditPass.move(100,150);
//指定文本显示方式,保护用户账号安全
lineEditPass.setEchoMode(QLineEdit::Password);

//指定窗口的尺寸和显示文字的大小
widget.resize(500,300);
widget.setFont(QFont("宋体",16));
widget.show();
return a.exec();
}
```

5.2.6 QListWidget 列表框

很多应用程序中需要以列表的形式向用户展示数据（资源）。如 Windows 操作系统会以列表的方式展示很多张桌面背景图，如图 5-20a 所示；再如，很多音乐播放器中以列表的形式展示音乐资源，用户可以选择自己喜欢的音乐，如图 5-20b 所示。

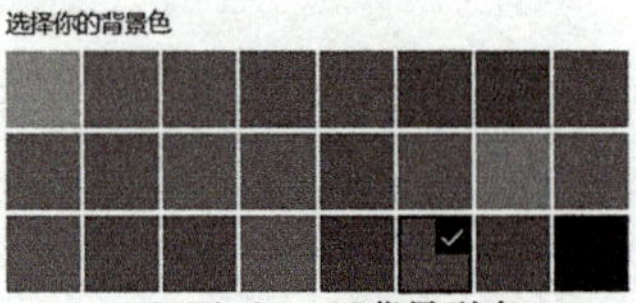

a) Windows10背景列表

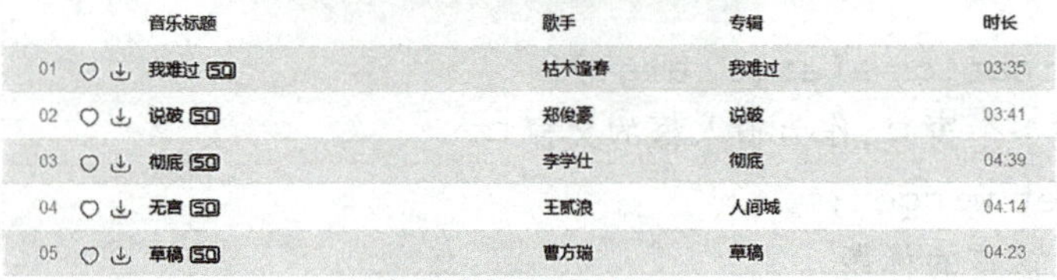

b) 音乐播放器的音乐列表

图 5-20 列表

使用 Qt 框架开发 GUI 程序，如果需要以列表的方法展示数据，则可以优先考虑用 QListWidget 类实现。QListWidget 是 Qt 提供的控件类，专门用来创建列表。QListWidget 类的继承关系为 QListWidget→QListView→QAbstractItemView→QAbstractScrollArea→QFrame→QWidget。对于初学者先学习 QListWidget，它是简易版的 QListView，创建和使用列表的方式更简单、门槛更低。

通过实例化 QListWidget 类，用户可以轻松地创建一个列表。QListWidget 类只提供了一个构造函数：

QListWidget（QWidget ＊ parent＝Q＿ NULLPTR）

parent 参数用来指定新建列表的父窗口，该参数的默认值是 Q＿ NULLPTR，表示新建控件没有父窗口。

QListWidget 列表控件可以显示多份数据，每份数据习惯称为列表项（简称项），每个列表项都是 QListWidgetItem 类的实例对象。也就是说，QListWidget 中有多少个列表项，就有多少个 QListWidgetItem 类对象。默认情况下，QListWidget 中的每个列表项独自占用一行，每个列表项中都可以包含文字、图标等内容。在实际开发中，还可以将指定的窗口或者控件放置到列表项中显示，如 QWidget 窗口、QLabel 文本框、QPushButton 按钮、QLineEdit 输入框等。

借助 QListWidgetItem 类，用户可以轻松管理 QListWidget 中的每个列表项，包括：

➢ 借助 QListWidgetItem 类提供的 setIcon()、setText() 等方法，可以轻松地指定每个列表项要包含的内容。

➢ 借助 QListWidgetItem 类提供的 setFont()、setBackground() 等方法，可以轻松地设置每个列表项的外观（文字大小、列表项背景等）。

当然，QListWidgetItem 类还提供了很多其他的成员方法，这里不再一一罗列。

刚刚创建好的 QListWidget 类对象，不包含任何 QListWidgetItem 类对象，就是一个空列表。借助 QListWidget 类以及父类提供的属性和方法，可以对新建列表执行多种操作。表 5-16 所示为 QListWidget 类常用的属性和方法及其功能。

表 5-16　QListWidget 类常用的属性和方法及其功能

属性和方法	功　　能
count 属性	保存当前列表中含有的列表项的总数 该属性的值可以通过 count() 方法获取
currentRow 属性	保存当前选择的列表项所在的行数 该属性的值可以通过 currentRow() 方法获取，也可以通过 setCurrentRow(int row) 方法修改当前选择的列表项
sortingEnabled 属性	决定当前的 QListWidget 列表是否开发排序功能，默认值为 false，即不开启排序功能 该属性的值可以通过 isSortingEnabled() 方法获取，可以通过 setSortingEnabled (bool enable) 方法进行修改

(续)

属性和方法	功　能
SelectionMode 属性	指明当前列表中是否可以同时选择多个列表项，或者是否只能连续选择多个列表项 该属性是枚举类型，可选值有 5 个： ➤ QAbstractItemView::SingleSelection：最多只能选择一个列表项 ➤ QAbstractItemView::ContiguousSelection：按住<Shift>键，可以连续选择多个列表项 ➤ QAbstractItemView::ExtendedSelection：按住<Ctrl>键，可以选中多个列表项。按住<Shift>键，也可以连续选择多个列表项 ➤ QAbstractItemView::MultiSelection：可以选择多个列表项 ➤ QAbstractItemView::NoSelection：无法选择任何列表项 该属性的值可以通过 selectionMode（）方法获取，也可以通过 setSelectionMode（QAbstractItemView::SelectionMode mode）方法进行修改
ViewMode 属性	指定 QListWidget 是按行显示数据，还是分列显示数据 该属性是枚举类型，可选值有 2 个： ➤ QListView::ListMode：一行一行地显示列表项，默认情况下，各个列表项不能拖动 ➤ QListView::IconMode：分列显示列表项，默认情况下，各个列表项可以拖动 该属性的值可以通过 viewMode（）方法获取，也可以通过 setViewMode（ViewMode mode）方法进行修改
void addItem（const QString & label） void addItem（QListWidgetItem * item） void addItems（const QStringList & labels）	向 QListWidget 列表的尾部添加指定项，可以是一个文本（label）、一个列表项（item），还可以一次性添加多个文本（labels）
void QListWidget::setItemWidget（QListWidgetItem * item，QWidget * widget）	将指定的 widget 窗口添加到 item 列表项中
currentItem（）	返回当前选中的列表项
removeItemWidget（QListWidgetItem * item）	删除指定的 item 列表项
sortItems（Qt::SortOrder order = Qt::AscendingOrder）	默认将所有的列表项按照升序排序，通过指定参数 Qt::DescendingOrder 来进行降序排序
takeItem（int row）	返回位于 row 行的列表项
selectedItems（）	返回当前被选择的所有列表项

对于给定的 QlistWidget 列表，用户可以选择其中的一个或者某些列表项，还可以修改列表项中的内容。QListWidget 类具有很多信号和槽信息，可以捕捉用户的很多动作，还可以针对用户的动作做出适当的响应。表 5-17 和表 5-18 所示为一些常用的信号函数和槽函数及其功能。

表 5-17　信号函数及其功能

信　号　函　数	功　能
itemClicked（QListWidgetItem * item）	用户单击某个列表项时会触发此信号函数，item 参数指的就是被用户单击的列表项

(续)

信号函数	功能
itemDoubleClicked（QListWidgetItem * item）	用户双击某个列表项时会触发此信号函数，item 参数指的就是被用户双击的列表项
itemPressed（QListWidgetItem * item）	当鼠标指针按下某个列表项时会触发此信号函数，item 参数指的就是被鼠标指针按下的列表项
itemSelectionChanged()	当选择的列表项发生变化时会触发此信号函数
currentItemChanged（QListWidgetItem * current，QListWidgetItem * previous）	当前列表项发生变化时会触发此信号函数。current 参数指的是新选择的列表项；previous 参数指的是先前选择的列表项

表 5-18 槽函数及其功能

槽函数	功能
clear()	删除列表中的所有列表项
scrollToItem（const QListWidgetItem * item, QAbstractItemView::ScrollHint hint=EnsureVisible）	用 hint 参数指定滑动方式，让用户看到指定的 item 列表项
selectAll()	选择所有的列表项
scrollToBottom()	将列表滑动到底部
scrollToTop()	将列表滑动到顶部

示例：创建一个 QListWidget 列表，代码如下：

```cpp
//main.cpp
#include <QApplication>
#include <QWidget>
#include <QListWidget>
#include <QLabel>
#include <QListWidgetItem>
using namespace std;
class QMyLabel:public QLabel{
    Q_OBJECT
public slots:
    void rsetText(QListWidgetItem * item);
};
void QMyLabel::rsetText(QListWidgetItem * item){
    this->setText(item->text());
}
int main(int argc, char * argv[]){
    QApplication a(argc, argv);
```

```cpp
    //创建一个窗口,作为输入框的父窗口
    QWidget widget;
    //设置窗口的标题
    widget.setWindowTitle("QWidget 窗口");
    widget.resize(500,500);
    QListWidget listWidget(&widget);
    listWidget.resize(500,400);
    listWidget.setFont(QFont("宋体",14));
    listWidget.addItem("工业 UI ");
    listWidget.addItem("http://");
    listWidget.addItem(new QListWidgetItem("Qt 教程"));
    QMyLabel print;
    print.setText("选中内容");
    print.setParent(&widget);
    print.resize(500,100);
    print.move(0,400);
    print.setAlignment(Qt::AlignCenter);

QObject::connect ( &listWidget, &QListWidget:: itemClicked, &print, &QMyLabel::rsetText);
    widget.show();
    return a.exec();
}
/* QMyLabel 类的定义应该放到.h 文件中,本例中将其写到 main.cpp 中,程序最后需要添加 #include "当前源文件名.moc"语句,否则无法通过编译/*
#include "main.moc"
```

该代码中自定义了一个 QMyLabel 类,它继承自 QLabel 文本框类,因此,QMyLabel 也是一个文本框类,在 QMyLabel 类中自定义了一个 rsetText()槽函数。

5.2.7 QTableWidget 表格控件

QTableWidget 是 Qt 提供的一种表格控件,类似于经常使用的 Excel 表格,可以将数据以表格的方式展示给用户。QTableWidget 表格控件如图 5-21 所示。

整个 QTableWidget 表格可以分为两个区域。

1)整体表头:每一列的表头。用户可以自定义两个区域内的表头,如第一列是各个教程的名称,所以第一列的表头可以修改为"教程名称"。

2)数据区:表格中所有的数据都位于此区域,该区域内可以存放单元格,也可以存放按钮、文本框等控件。

默认情况下,表格会显示表头,表头的内容为行号或列号。根据实际需要,用户可以将表头隐藏起来。

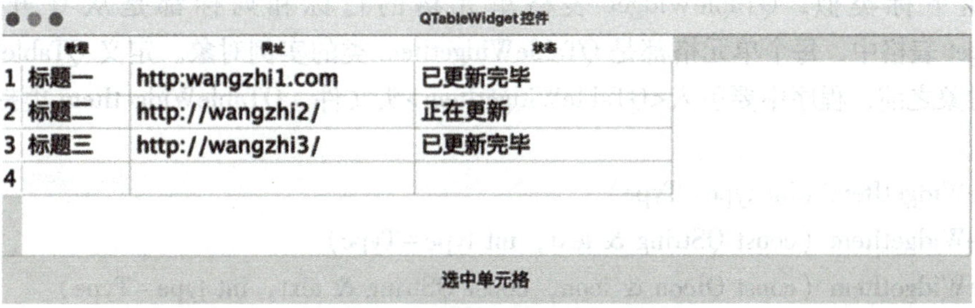

图 5-21 QTableWidget 表格控件

QTableWidget 继承自 QTableView 类，QTableView 类也可以用来显示表格控件。QTableWidget 可以看作 QTableView 的简易版或者升级版，它们的区别在于：

➢ QTableWidget 使用起来更简单，而 QTableView 的用法相对比较复杂。

➢ QTableView 可以存储大量的数据（如几十万甚至几百万个），用户浏览表格中的数据时不会出现卡顿等现象；尽管 QTableWidget 也能用来存储大量的数据，但用户使用时可能出现卡顿等现象，且显示的数据越多，类似的现象越明显。

总之，QTableWidget 只适合显示少量的数据（如几百或几千个）。如果想要显示更多的数据，则应该用 QTableView。此外，QTableView 还有一些更高级的用法。QTableWidget 框架在实际开发中经常使用，如果是一名初学者，那么建议先学习 QTableWidget 控件，它可以降低学习 Qt 表格控件的成本，用户可以更快地掌握表格的用法。

使用 QTableWidget 控件，必须先引入<QTableWidget>头文件。QTableWidget 类提供了两个构造函数，分别是：

QTableWidget（QWidget * parent = Q_ NULLPTR）

QTableWidget（int rows, int columns, QWidget * parent = Q_ NULLPTR）

第一个构造函数可以在指定的 parent 父窗口中创建一个空的表格，表格中不显示任何单元格。第二个构造函数可以在指定的 parent 父窗口中创建一个表格，表格中整齐地排列了 rows 行 columus 列的单元格，每个单元格都是空的，示例如图 5-22 所示。

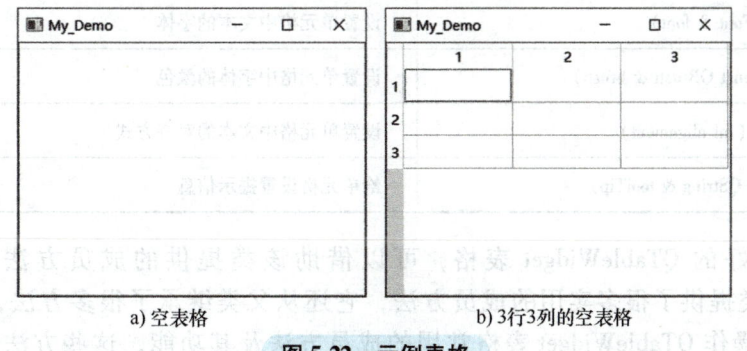

a) 空表格　　　　　　　　　　　b) 3行3列的空表格

图 5-22　示例表格

使用 QTableWidget 表格之前，必须指定表格的行和列。可以直接调用第 2 个构造函数，这样既创建了表格，又指定了行和列。当然，也可以调用第 1 个构造函数先创建表格，然后借助 QTableWidget 类提供的成员方法指定行和列。

与数组下标类似，QTableWidget 表格单元格的行标和列标都是从 0 开始的。在 QTableWidget 表格中，每个单元格都是 QTableWidgetItem 类的实例对象。定义 QTableWidgetItem 类的实例对象之前，程序中要引入<QTableWidgetItem>头文件。QTableWidgetItem 类提供了 4 个构造函数：

QTableWidgetItem（int type=Type）

QTableWidgetItem（const QString & text，int type=Type）

QTableWidgetItem（const QIcon & icon，const QString & text，int type=Type）

QTableWidgetItem（const QTableWidgetItem & other） //复制构造函数

其中，text 参数用于指定单元格要显示的文本（字符串）；icon 参数用于指定单元格要显示的图标；type 参数有默认值，很少用到。

QTableWidgetItem 单元格通常用来存放 text 文本和 icon 图标。借助该类提供的 setBackground（）、setTextAlignment（）等成员方法，可以轻松设置每个单元格的字体、颜色、背景等。

QTableWidgetItem 类还对小于 "<" 运算符进行了重载，根据各个单元格存储的文本内容（字符串），多个单元格之间可以直接比较大小。借助这一特性，可以轻易实现"单元格排序"功能。

默认情况下，用户可以选中 QTableWidget 表格中的某个单元格，还可以对目标单元格中的文本内容进行修改。通过设置 QTableWidget 表格，可以禁止用户编辑所有单元格。

QTableWidgetItem 类提供了很多实用的成员方法，其中比较常用的成员方法及其功能见表 5-19。

表 5-19　QTableWidgetItem 类常用的成员方法及其功能

成员方法	功　能
setText（const QString & text）	设置单元格中的文本
setIcon（const QIcon & icon）	给单元格添加图标
setBackground（const QBrush & brush）	设置单元格的背景
setFont（const QFont & font）	设置单元格中文本的字体
setForeground（const QBrush & brush）	设置单元格中字体的颜色
setTextAlignment（int alignment）	设置单元格中文本的对齐方式
setToolTip（const QString & toolTip）	给单元格设置提示信息

对于创建好的 QTableWidget 表格，可以借助该类提供的成员方法快速地操作。QTableWidget 类提供了很多实用的成员方法，它还从父类继承了很多方法，表 5-20 所示为实际场景中操作 QTableWidget 表格常用的成员方法及其功能，这些方法是初学者必须要掌握的。

表 5-20 操作 QTableWidget 表格常用的成员方法及其功能

成员方法	功能
setRowCount(int rows)	设置表格的行数
setColumnCount(int columns)	设置表格的列数
setRowHeight(int row, int height)	设置指定行的行高
setColumnWidth(int column, int width)	设置指定列的宽度
setCellWidget(int row, int column, QWidget * widget)	向表格中的指定位置添加 widget 控件 通过调用 cellWidget(int row, int column) 方法获取指定位置的控件
setHorizontalHeaderLabels(const QStringList & labels)	设置表格的水平表头
setVerticalHeaderLabels(const QStringList & labels)	设置表格的竖直表头
setItem(int row, int column, QTableWidgetItem * item)	向表格指定位置添加单元格 获取指定位置的单元格，可以借助 item(int row, int column) 或者 itemAt(int ax, int ay) 方法
setEditTriggers(EditTriggers triggers)	当 triggers 参数值为 QAbstractItemView::NoEditTriggers 时，表示禁止用户编辑单元格
resize(int w, int h)	设置表格的尺寸
setFont(const QFont &)	设置表格数据区中文本的字体和大小

QTableWidget 类提供的信号函数可以监测用户对表格中的哪个单元格进行了何种操作，常见的操作包括单击、双击、按下、编辑等。表 5-21 所示为 QTableWidget 类常用的信号函数及其功能。

表 5-21 QTableWidget 类常用的信号函数及其功能

信号函数	功能
cellClicked(int row, int column)	当某个单元格被单击时触发该信号，row 和 column 就是被单击的单元格的位置
cellDoubleClicked(int row, int column)	当某个单元格被双击时触发该信号，row 和 column 就是被双击的单元格的位置
cellEntered(int row, int column)	当某个单元格被按下时触发该信号，row 和 column 就是被按下的单元格的位置
cellChanged(int row, int column)	当某个单元格中的数据发生改变时触发该信号，row 和 column 就是被改变的单元格的位置
itemClicked(QTableWidgetItem * item)	当某个单元格被单击时触发该信号，item 就是被单击的单元格
itemDoubleClicked(QTableWidgetItem * item)	当某个单元格被双击时触发该信号，item 就是被双击的单元格
itemEntered(QTableWidgetItem * item)	当某个单元格被按下时触发该信号，item 就是被按下的单元格
itemChanged(QTableWidgetItem * item)	当某个单元格中的数据发生改变时触发该信号，item 就是被改变的单元格

QTableWidget 表格也可以接收信号并做出相应的响应，常用的槽函数及其功能见表 5-22。

表 5-22　QTableWidget 表格常用的槽函数及其功能

槽　函　数	功　　能
clear( )	删除表格中所有单元格的内容，包括表头
clearContents( )	不删除表头，仅删除表格中数据区内所有单元格的内容
insertColumn(int column)	在表格第 column 列的位置插入一个空列
insertRow(int row)	在表格第 row 行的位置插入一个空行
removeColumn(int column)	删除表格中的第 column 列，该列的所有单元格也会一并删除
removeRow(int row)	删除表格中的第 row 行，该行的所有单元格也会一并删除
scrollToItem(const QTableWidgetItem * item, QAbstractItemView::ScrollHint hint=EnsureVisible)	滑动到指定的单元格

演示 QTableWidget 控件的用法，示例代码如下：

```
#include <QApplication>
#include <QWidget>
#include <QLabel>
#include <QTableWidget>
#include <QTableWidgetItem>
#include <QStringList>
#include <QDebug>
#include <QPushButton>
using namespace std;
class QMyLabel:public QLabel{
    Q_OBJECT
public slots:
    void rsetText(QTableWidgetItem * item);
};
void QMyLabel::rsetText(QTableWidgetItem * item){
    this->setText(item->text());
}
int main(int argc, char * argv[]){
    QApplication a(argc, argv);
    //创建一个窗口,作为输入框和列表框的父窗口
    QWidget widget;
    //设置窗口的标题
    widget.setWindowTitle("QTableWidget 控件");
```

```cpp
//自定义窗口的大小
widget.resize(900,500);
//在 widget 窗口中添加一个 4 行 3 列的表格
QTableWidget TableWidget(4,3,&widget);
//自定义表格的尺寸和字体大小
TableWidget.resize(900,350);
TableWidget.setFont(QFont("宋体",20));
//设置表格中每一行的表头
TableWidget.setHorizontalHeaderLabels(QStringList()<<"教程"<<"网址"<<"状态");
//设置表格数据区内的所有单元格都不允许编辑
TableWidget.setEditTriggers(QAbstractItemView::NoEditTriggers);
//设置表格中每一行的内容
TableWidget.setItem(0,0,new QTableWidgetItem("标题一"));
TableWidget.setItem(0,1,new QTableWidgetItem("http:wangzhi1.com"));
TableWidget.setItem(0,2,new QTableWidgetItem("已更新完毕"));
TableWidget.setItem(1,0,new QTableWidgetItem("标题二"));
TableWidget.setItem(1,1,new QTableWidgetItem("http://wangzhi2/"));
TableWidget.setItem(1,2,new QTableWidgetItem("正在更新"));
TableWidget.setItem(2,0,new QTableWidgetItem("标题三"));
TableWidget.setItem(2,1,new QTableWidgetItem("http://wangzhi3/"));
TableWidget.setItem(2,2,new QTableWidgetItem("已更新完毕"));
QMyLabel lab;//向 widget 窗口中添加一个文本框
lab.setText("选中单元格");
lab.setParent(&widget);
lab.resize(900,150);//自定义文本框的尺寸和位置
lab.move(0,350);
lab.setAlignment(Qt::AlignCenter);
lab.setFont(QFont("宋体",16));
widget.show();
/*为表格和文本框之间建立关联,当用户单击表格中的某个单元格时,文本框显示单元格内的文本内容*/
QObject::connect (&TableWidget, &QTableWidget::itemClicked, &lab, &QMyLabel::rsetText);
    return a.exec();
}
#include "main.moc"
```

5.2.8 QTreeWidget 树形控件

QTreeWidget 是 Qt 框架提供的一种树形控件,它能以树形结构展示数据(或者文件)之间的包含关系。

图 5-23 所示是树形结构的一个典型示例。MyFirstQt 项目的内部构成一目了然,项目内部包含一个 MyFirstQt.pro 项目文件和 3 个文件夹,每个文件夹中包含的内容都可以清楚地看到。

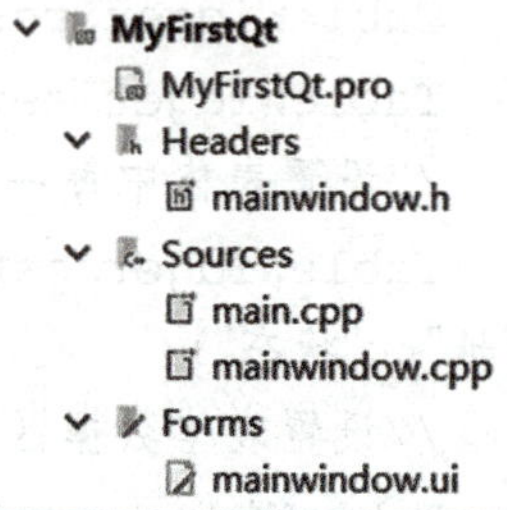

QTreeWidget 类专门用来创建树形控件,使用此类前需要在项目中引入 <QTreeWidget> 头文件。QTreeWidget 类只提供了一个构造函数:

QTreeWidget(QWidget * parent = Q_NULLPTR)

其中,parent 参数用于为新建的树形控件指定父窗口。当为新建的 QTreeWidget 对象指定父窗口后,它将作为该窗口中的一个控件;反之,新建的 QTreeWidget 控件将作为一个独立的窗口。

图 5-23 树形结构的一个典型示例

QTreeWidget 类继承自 QTreeView 类,QTreeView 类也可以用来创建树形控件。QTreeWidget 可以看作简易版或升级版的 QTreeView,前者的使用方式更加简单,入门门槛低,对于刚刚接触 Qt 的初学者,建议先学习 QTreeWidget 控件。作为简易版的 QTreeView,QTreeWidget 仅适用于构建简单的树形结构。当实际场景中需要构建数据量大、结构复杂的树形结构时,应该选择 QTreeView。

通常情况下,将树形结构中的每份数据称为一个节点。QTreeWidget 控件中,每个节点都是 QTreeWidgetItem 类的实例对象。也就是说,QTreeWidget 类对象代表整个树形控件,而 QTreeWidgetItem 类对象则代表树形控件中的节点。使用 QTreeWidgetItem 类创建节点之前,项目中需要引入<QTreeWidgetItem>头文件。QTreeWidgetItem 类提供的构造函数很多,常用的有如下几个:

/*创建一个新节点,设置节点中包含的数据,将该节点添加到指定的 parent 树形结构中*/
QTreeWidgetItem(QTreeWidget * parent, const QStringList & strings, int type = Type)
//创建一个新节点,将其插入 parent 树形结构中 preceding 节点之后的位置
QTreeWidgetItem(QTreeWidget * parent, QTreeWidgetItem * preceding, int type = Type)
//创建一个新节点,将其添加到指定 parent 节点中,作为 parent 节点的子节点
QTreeWidgetItem(QTreeWidgetItem * parent, int type = Type)
/*创建一个新节点,指定节点中包含的文本内容,将其添加到指定 parent 节点中,作为 parent 的子节点*/
QTreeWidgetItem(QTreeWidgetItem * parent, const QStringList & strings, int type = Type)
//创建一个新节点,将其插入 parent 节点中 preceding 节点之后的位置
QTreeWidgetItem(QTreeWidgetItem * parent, QTreeWidgetItem * preceding, int type = Type)

QTreeWidgetItem 还提供了很多实用的成员方法,表 5-23 所示为常用的成员方法及其功能。借助它们,用户可以轻松地管理 QTreeWidget 控件中的各个节点。

表 5-23　QTreeWidgetItem 类常用的成员方法及其功能

成 员 方 法	功　　能
void QTreeWidgetItem::addChild(QTreeWidgetItem * child)	为当前节点添加子节点
void QTreeWidgetItem::addChildren(const QList<QTreeWidgetItem * >&children)	一次性为当前节点添加多个子节点
QTreeWidgetItem * QTreeWidgetItem::child(int index)const	获得当前节点的第 index 个子节点
int QTreeWidgetItem::childCount() const	获得当前节点拥有的子节点数
QTreeWidgetItem * QTreeWidgetItem::parent() const	获得当前节点的父节点
void QTreeWidgetItem::setCheckState(int column, Qt::CheckState state)	设置当前节点第 column 列的复选框状态
void QTreeWidgetItem::setIcon(int column, const QIcon & icon)	设置当前节点第 column 列的 icon 图标
void QTreeWidgetItem::setText(int column, const QString & text)	设置当前节点第 column 列的文本

QTreeWidget 类提供了很多常用的成员方法，可以借助 Qt Creator 打开 QTreeWidget 类的帮助手册查看。表 5-24 所示为 QTreeWidget 类常用的成员方法及其功能。

表 5-24　QTreeWidget 类常用的成员方法及其功能

成 员 方 法	功　　能
void setColumnCount(int columns)	设置每个节点的列数
void setHeaderHidden(bool hide)	设置控件的表头是否隐藏
void QTreeWidget::addTopLevelItem(QTreeWidgetItem * item)	在树形控件中添加顶层节点
void QTreeWidget::setHeaderLabels(const QStringList & labels)	自定义控件中所有列的表头的文本内容
void QTreeWidget::setItemWidget(QTreeWidgetItem * item, int column, QWidget * widget)	在 item 节点中第 column 列的位置添加一个 widget 控件
void QTreeWidget::removeItemWidget(QTreeWidgetItem * item, int column)	移除 item 节点第 column 列的控件
void QWidget::resize(int w, int h)	设置整个控件的尺寸

向 QTreeWidget 控件中添加节点，具体可分为两种情况，一种是添加最顶层的节点，另一种是为某个节点添加子节点。一个 QTreeWidget 控件可以同时包含多个顶层节点。添加顶层节点的方法有两种，分别是：

方法 1：调用相应的构造函数，直接将节点作为树形控件的顶层节点。

QTreeWidgetItem topItem (&treeWidget);

方法 2：调用 QTreeWidget 类的 addTopLevelItem() 方法。

QTreeWidgetItem topItem2;

treeWidget. addTopLevelItem (&topItem2);

第一种方法，向 treeWidget 树形控件中成功添加了 topItem 顶层节点；第二种方法，先创建了 topItem2 节点，然后借助 addTopLevelItem() 方法将其添加到 treeWidget 树形控件中，作为该控件的第二个顶层节点。同样，为某个节点添加子节点的方法也有两种，分别是：

方法1：调用相应的构造函数，直接指定新节点的父节点。

QTreeWidgetItem childItem（& item）；

方法2：先创建一个新节点，调用 QTreeWidgetItem 类提供的 addChild()方法，可以为某个节点添加子节点。

QTreeWidgetItem childItem2；

item2. addChild（& childItem2）；

除此之外，还有其他添加节点的方法，例如，使用"QList<QTreeWidgetItem * >items"一次性向树形控件中添加多个顶层节点或者子节点：

QList<QTreeWidgetItem * > items；

items. append（& item）；

items. append（& item2）；

treeWidget. addTopLevelItems（items）；

Qt 对 C++ STL 库中的容器进行了更好的封装，QList 容器就是其中之一。通过先将 item 和 item2 添加到 items 容器中，再将 items 传递给 treeWidget 对象的 addTopLevelItems()方法，就可以将 items 容器中的所有节点添加到 treeWidget 控件中，作为该控件的顶层节点。

5.2.9 QMessageBox 消息对话框

QMessageBox 是 Qt 框架中常用的一个类，可以生成各式各样、各种用途的消息对话框。很多 GUI 程序都会用到消息对话框，且很多场景中使用的消息对话框是类似的，区别是提示信息不同。为了提高程序员的开发效率，Qt 提供了 6 种通用的 QMessageBox 消息对话框，通过调用 QMessageBox 类中的 6 个静态成员方法，可以直接在项目中使用。这里仅介绍 information 对话框。

information 对话框常用于给用户提示一些关键的信息，它的外观如图 5-24 所示。

要在项目中使用 information 对话框，直接调用 QMessageBox 类中的 information()静态成员方法即可。该方法的语法格式如下：

StandardButton QMessageBox：:information（QWidget * parent，const QString & title，const QString & text，StandardButtons buttons = Ok，StandardButton defaultButton = NoButton）

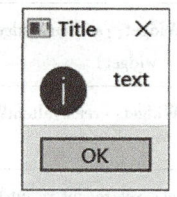

图 5-24　information 对话框外观

各个参数的含义如下：

➢ parent：指定 information 对话框的父窗口，information 对话框会作为一个独立的窗口显示在父窗口的前面。information 对话框从弹出到关闭的整个过程中，用户无法操作父窗口，更不能删除父窗口。

➢ title：指定 information 对话框的标题，即图 5-24 中的 Title。

➢ text：指定 information 对话框的具体内容，即图 5-24 中的 text。

➢ buttons：指定 information 对话框中包含的按钮。默认情况下，information 对话框只包含一个按钮，即图 5-24 中显示的"OK"按钮。根据需要，用户可以用按位或运算符"｜"在 information 对话框中设置多个按钮，如 QMessageBox：:Ok｜QMessageBox：:Cancel。

➢ defaultButton：指定<Enter>键对应的按钮，用户按下<Enter>键时就等同于按下此按钮。

注意，defaultButton 参数的值必须是 buttons 中包含的按钮。也可以不手动指定，QMessageBox 会自动从 buttons 中选择合适的按钮作为 defaultButton 的值。

information( )函数会返回用户按下的按钮。StandardButton 是 QMessageBox 类中定义的枚举类型，每个枚举值都代表一种按钮。StandardButton 类型中的值很多，表 5-25 列出了常用的枚举值及其含义。

表 5-25　常用的枚举值及其含义

枚 举 值	含 义
QMessageBox::Ok	标有"Ok"字样的按钮，通常用来表示用户接受或同意提示框中显示的信息
QMessageBox::Open	标有"Open"字样的按钮
QMessageBox::Save	标有"Save"字样的按钮
QMessageBox::Cancel	标有"Cancel"字样的按钮。单击此按钮，通常表示用户拒绝接受提示框中显示的信息
QMessageBox::Close	标有"Close"字样的按钮
QMessageBox::Discard	标有"Discard"或者"Don't Save"字样的按钮，取决于运行平台
QMessageBox::Apply	标有"Apply"字样的按钮
QMessageBox::Reset	标有"Reset"字样的按钮
QMessageBox::Yes	标有"Yes"字样的按钮
QMessageBox::No	标有"No"字样的按钮

使用 information( )函数实现图 5-24 所示的对话框，代码为：

```
QMessageBox:: StandardButton  result = QMessageBox:: information
(&widget,"Title","text");
```

其中，widget 是创建好的 QWidget 窗口，创建好的 information 对话框会显示在 widget 窗口的前面。用 result 接收 information( )函数的返回值，可以得知用户选择的是哪个按钮。

练习与思考

一、简答题

1. 什么是 Qt 中的控件？

2. 什么是 Qt 中的事件？

3. 什么是 Qt 中的信号？什么是槽？它们有什么联系？如何实现？

二、操作题

1. 使用 Qt 实现一个用户登录界面，要求有两个单行输入框（用户名与密码）、两个按钮（分别是登录与取消）。

2. 实现一个学生信息查看界面，左侧是学生名字列表，右侧是学生详细信息，单击左侧列表才能出现右侧详细信息。学生信息查看界面如图 5-25 所示。

a) 界面左侧

b) 界面右侧

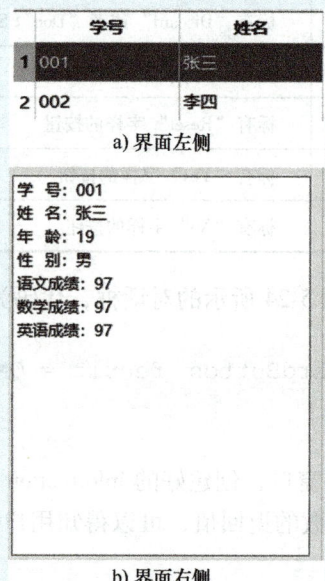

图 5-25 学生信息查看界面

模块6 仓库管理系统入库实训

实训目的

本模块的目的是让学生掌握仓库管理系统的 PDA 的登录、获取权限操作,以及入库界面的绘制、业务的流程开发;进行数据看板的界面设计,通过 VueJS 框架、JSON-Server 服务器、VSCode 开发工具等,实现符合业务需求所使用的入库功能。

综合实训可以帮助学生全面、牢固地掌握教学内容,从而培养学生的实践动手能力,提高学生综合运用专业知识和专业技能解决实际问题的能力,并将课堂学习与实践学习相结合,锻炼学生的职业能力。

实训准备

1. 了解仓库管理系统的入库流程。
2. 掌握前端基础(HTML+ CSS + JavaScript)。
3. 掌握 VueJS 框架。
4. 使用 JSON-Server 模拟后端数据。
5. 了解 Axios 网络请求库。
6. 安装好 VSCode 开发工具及前端开发环境 NodeJS。
7. 下载实训工程源代码。

实训环境

Window 10 操作系统、VSCode 开发工具、Chrome 浏览器、NodeJS 环境、NPM 包管理工具。

实训步骤

任务描述

本次实训让学生体验完整项目开发的过程,包括从系统的需求分析到功能设计,以及数据库设计、界面设计及功能实现等环节。

任务一：通过 JSON-Server 启动本地服务器，模仿后端接口数据，完成登录以及用户的权限校验，如图 6-1~图 6-3 所示。

本次实训只有前端的操作，并不会涉及后端具体的接口实现，为了更接近企业实际开发的效果，采用 JSON-Server 启动本地服务器，并在开发的 demo 中定义返回的接口数据。

1）启动 JSON-Server 服务器并定义各个接口的返回数据。
2）封装 Axios，以方便使用及调用。
3）完成首页界面的布局以及登录和权限校验。

图 6-1　JSON-Server 服务器

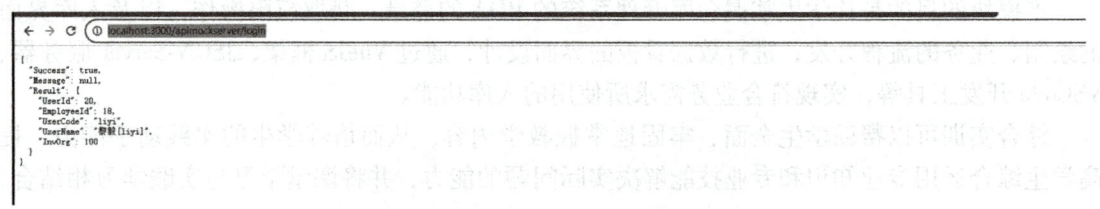

图 6-2　JSON-Server 接口返回数据

图 6-3　UI WMS 首页的布局效果

任务二：完成入库管理的二级界面、标准收货（列表）、标准收货（扫描条码），如图6-4 和图 6-5 所示。

通过弹性盒子完成对标准收货（列表）和标准收货（扫描条码）的布局：

1）实现标准收货（列表）的布局并实现滚动效果。
2）实现标准收货（扫描条码）的布局并实现标签模块部分的滚动效果。

图 6-4　标准收货（列表）

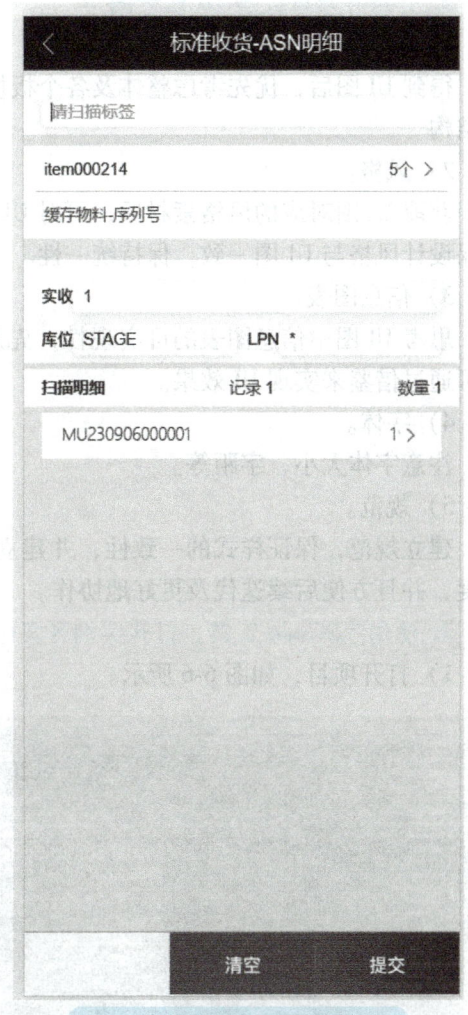

图 6-5　标准收货（扫描条码）

详细开发步骤

任务一：启动本地服务器，模仿后端接口数据，完成登录以及用户的权限校验。

1. 确认设备的分辨率

先确认要展示的 PDA 或者移动端设备的分辨率，是固定为一个分辨率，还是需要兼容多种分辨率（不同分辨率的多个设备），这涉及是否制作成自适应布局。自适应解决方案如下：

1）使用 flex 弹性布局。
2）使用 rem 单位。
3）使用百分比缩放与媒体查询。
4）使用"transform：scale；"缩放。

这里使用 flex 弹性布局以及 rem 一起作为布局方案。

2. 分析并审查大屏 UI 设计图

1）布局。

得到 UI 图后，优先考虑整体及各个板块的布局。其中较常见的大屏布局为居中结构和左右结构。

2）风格。

获取 UI 图对应的风格素材后，可对 UI 图进行切图以获取素材，也可直接查找相关素材。确保设计风格与 UI 图一致，保持统一性。

3）信息图表。

思考 UI 图中信息图表的可实现性，先从官网示例中查找有无类似的实现效果，如果有，则可通过借鉴来实现 UI 效果。

4）字体。

注意字体大小、字距等。

5）规范。

建立规范，保证样式的一致性，并建立通用样式和通用组件，这样能提高开发效率和还原度，并且方便后续迭代及更好地协作。

3. 使用 VSCode 工具，打开实训开发源码 demo 并进行开发

1）打开项目，如图 6-6 所示。

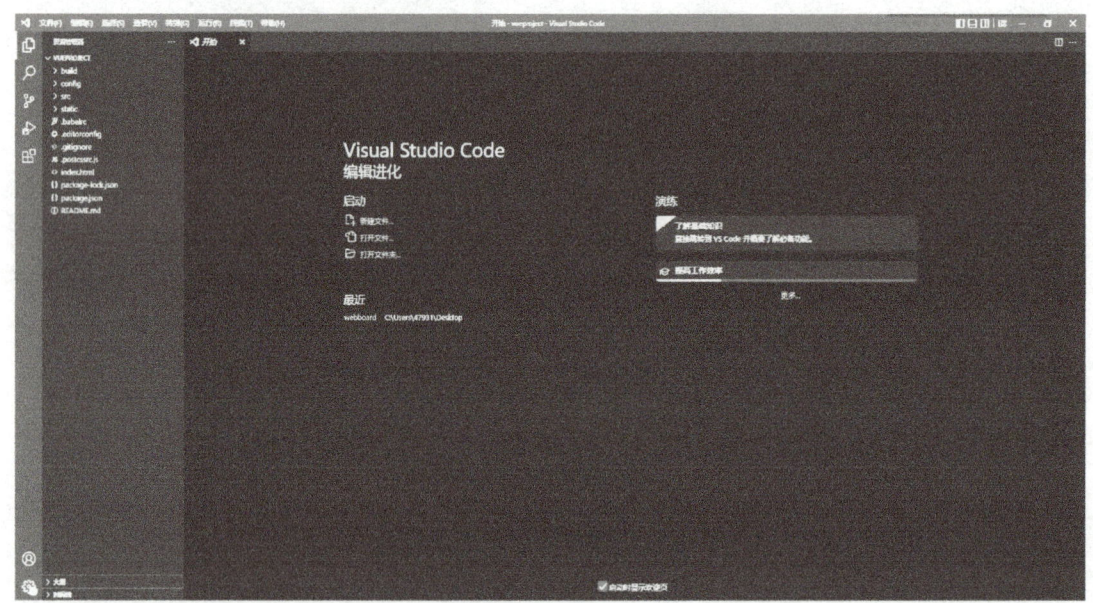

图 6-6　打开项目

按<Ctrl+Shift+~>组合键打开终端，并输入 npm install 命令安装项目所需要的依赖文件，如图 6-7 所示。安装完成会多出一个 node_ modules 目录。

2）安装依赖文件成功后，启动 mock 服务器。

在文件根目录下找到 mock 文件，在 API 文件夹下添加 login. json 文件，如图 6-8 所示，login 接口返回字段显示如图 6-9 所示。

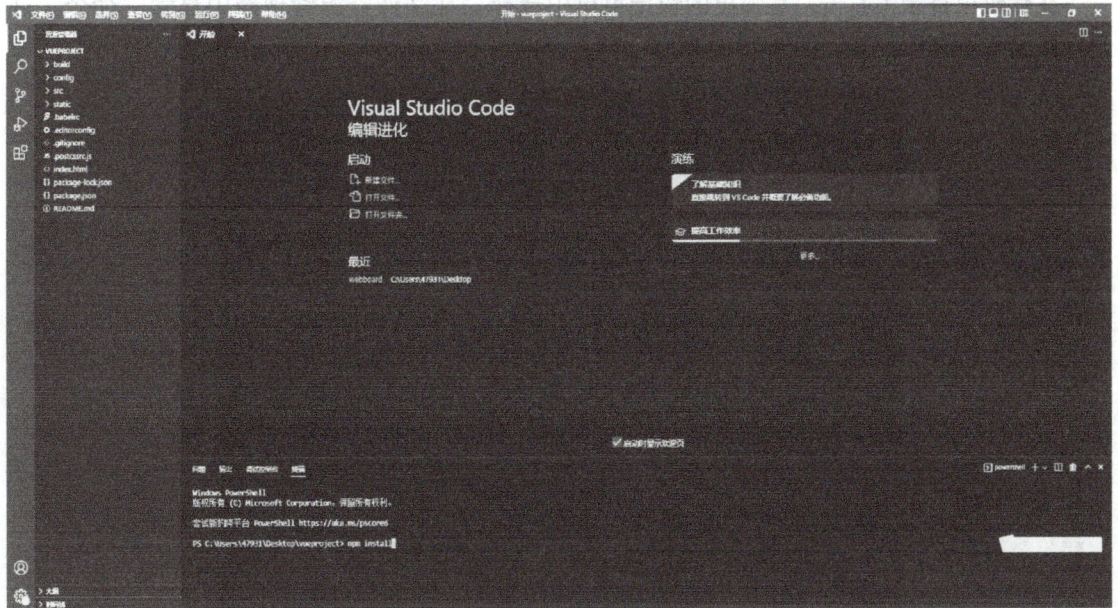

图 6-7　执行 npm install 命令

图 6-8　添加 login. json 文件

```
{
  "login":
    {
      "UserId": 20.0,
      "EmployeeId": 18.0,
      "UserCode": "liyi",
      "UserName": "SysAdmin[SysAdmin]",
      "InvOrg": 100
    }
}
```

图 6-9　login 接口返回字段展示

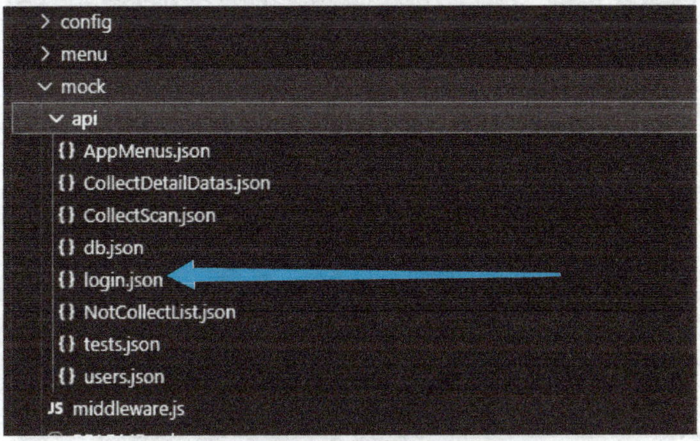

在代码根目录下右击，在弹出的快捷菜单中选择"在文件资源管理器中显示"命令，打开具体文件所在的位置，如图 6-10 所示。

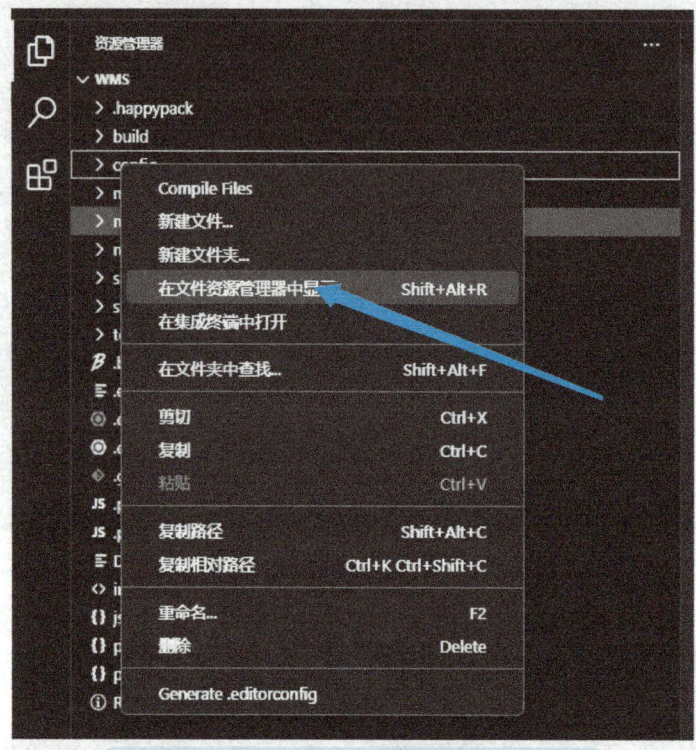

图 6-10　选择"在文件资源管理中显示"命令

在目录文件下输入"cmd"，打开命令提示符窗口，如图 6-11 所示。

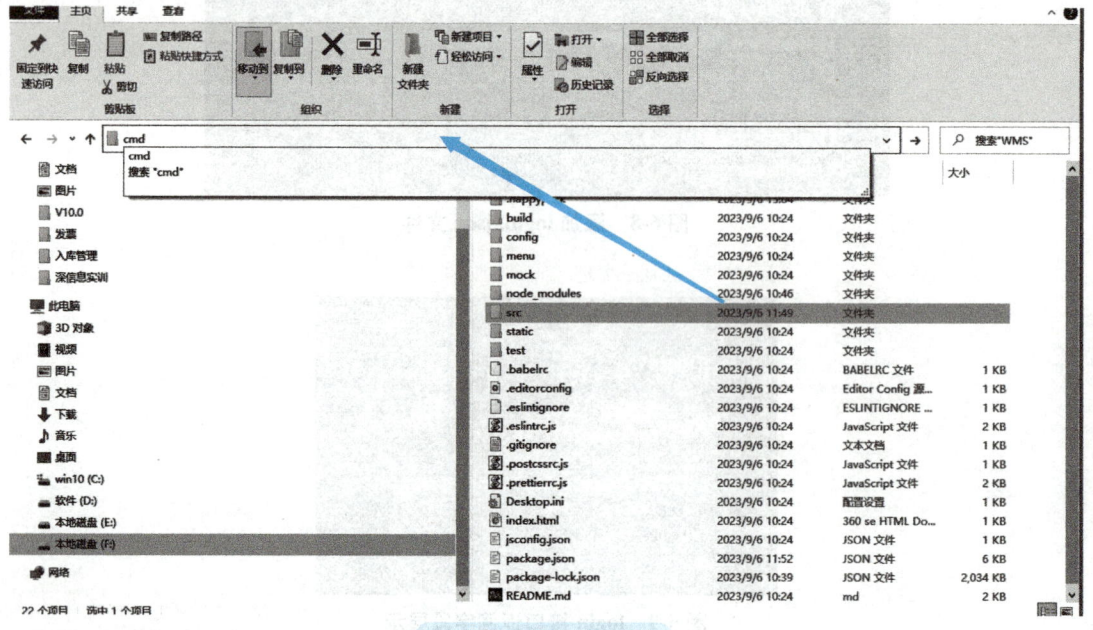

图 6-11　输入"cmd"

执行 npm run mock 命令，启动 mock 服务器，如图 6-12 所示，启动 mock 服务器成功如图 6-13 所示。

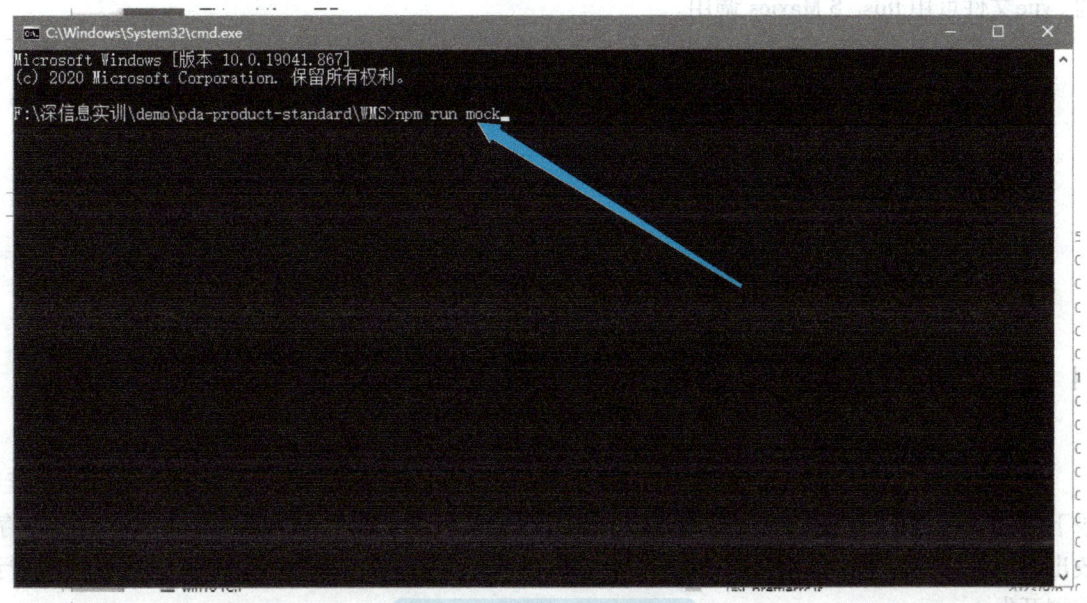

图 6-12　启动 mock 服务器

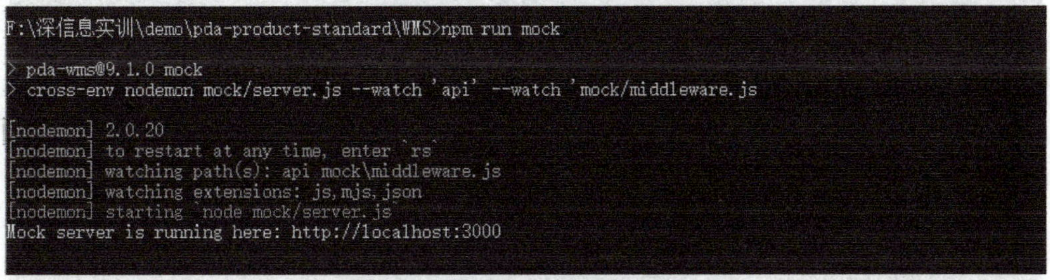

图 6-13　启动 mock 服务器成功

在浏览器中输入 http：//localhost：3000/apimockserver/login，如果出现图 6-14 所示的内容，则说明 login 接口访问成功。

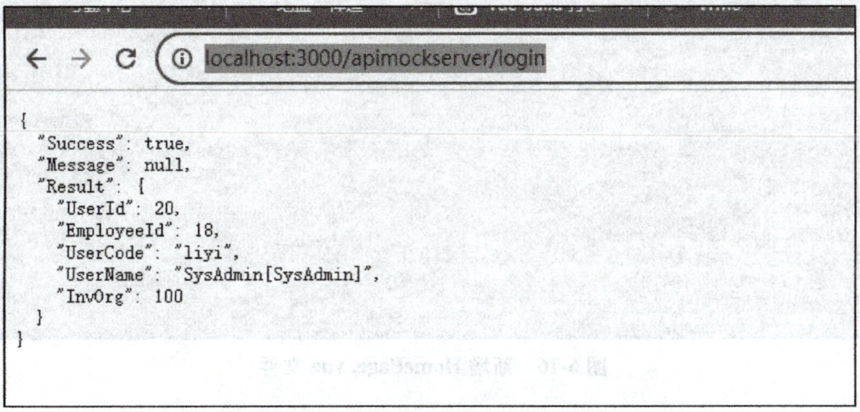

图 6-14　通过 mock 访问自定义 login 接口成功

3)封装 Axios。因为 JSON-Server 只能接收 GET 请求,所以统一封装 axios.get( )方法,在 assets/js/axiosInitialize 添加图 6-15 所示的代码。Vue.Prototype.＄Maxios 定义后,在其他的.vue 文件可用 this.＄Maxios 调用。

```
Vue.prototype.$Maxios = function (url) {
    let promise = new Promise((resolve, reject) => {
        Vue.axios.get(url).then((res) => {
            if (res.status === 200) {
                resolve(res.data)
            }
        })
    })
    return promise;
}
export default axiosInitialize;
```

图 6-15 添加代码

4)新建 vue 文件。在 src 目录下,新建 views 目录,建立 homePage 目录,在 homePage 目录下建立 in-warehouse 文件夹来作为存放入库界面的文件夹,建立 out-warehouse 文件夹作为存放出库界面的文件夹,然后新增 HomePage.vue 文件作为首页,如图 6-16 所示。之后即可进行前端开发。

```
<template>
    <div…
    </div>
</template>
<script>
import { Grid, GridItem, Search, Icon } from "vux";
import SideBar from "../../components/Sidebar";
import storages from "@/tools/utils-package/util-containers/utilStorage";
import devlogin from "@/assets/js/devLogin.js";
export default {
    data() {…
    },
    computed: {…
    },
    watch: {…
    },
    methods: {…
    },
    components: {…
    },
    mounted() {…
    },
    activated() {…
    }
};
</script>
<style lang="less">
.sideberout {
    transform: translateX(70vw);
}
.sideberin {
    transform: translateX(0px);
```

图 6-16 新增 HomePage.vue 文件

接下来需要对路由进行配置，将首页改成新增的界面。

首先在 src/router 文件中新建 index.js 文件，然后新建 homepage，在 homepage 下新建 in-warehouse.js 和 out-warehouse.js 文件，作为存放入库界面的路由和出库界面的路由，如图 6-17 所示。改完后使用 npm run dev 命令运行项目，如果出现 http：//localhost：8080，则表示成功。

图 6-17　路由文件

注意：如果运行项目，那么出现的"webpack-dev-server"不是内部命令或外部命令，也不是可运行的程序或批处理文件，如图 6-18 所示。

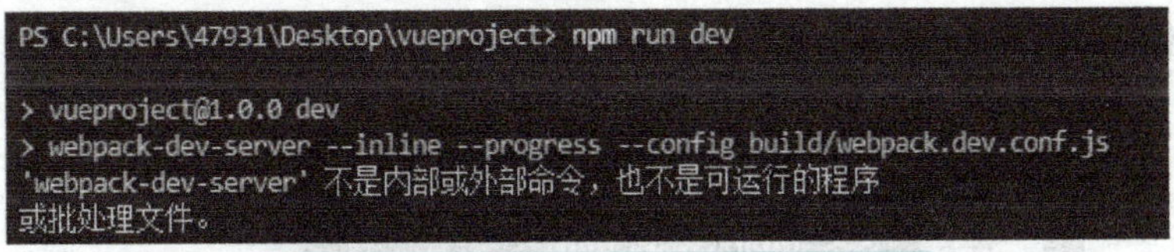

图 6-18　使用命令 npm run dev 运行项目

解决以上报错"webpack-dev-server"问题，可以使用命令"npm install webpack-dev-server --save-dev"。这一操作会更新 webpack-dev-server 版本，会重新下载并安装 webpack-dev-server。

如果不想下载其他的版本，则可以先删除 node_models，再重新安装。

5）调整整体样式及设置背景。在 assets 目录内新增 css、images、js 目录。

在 css 目录下新增 .less 样式文件，如图 6-19 所示。

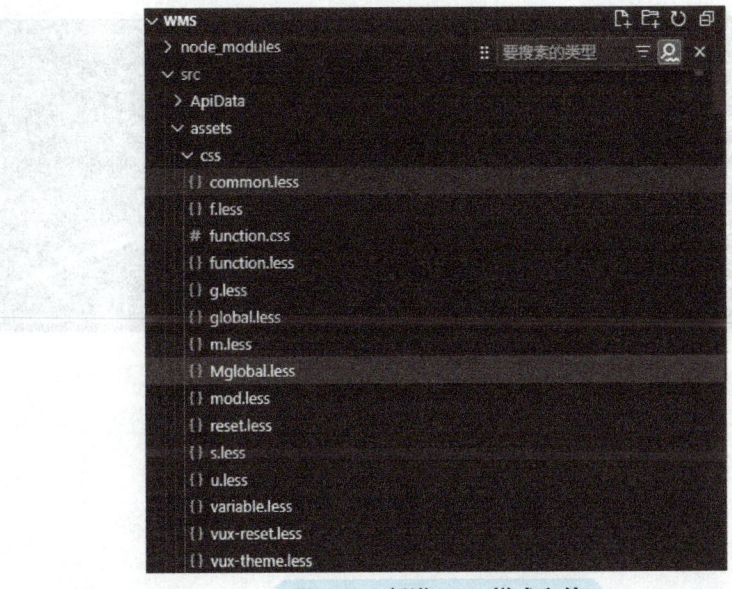

图 6-19　新增 .less 样式文件

其中：

- Mglobal. less 为自定义的全局样式。
- global. less 为全局样式入口。
- reset. less 为重置样式文件。
- g. less 为整体样式文件。
- m. less 为模块样式文件。
- f. less 为功能样式文件。

在 APP. vue 内引入全局样式文件 global. less 和 reset. less，如图 6-20 所示。

```
</script>

<style lang="less">
  @import '~vux/src/styles/reset.less';
  @import './assets/css/global.less';
  html,
```

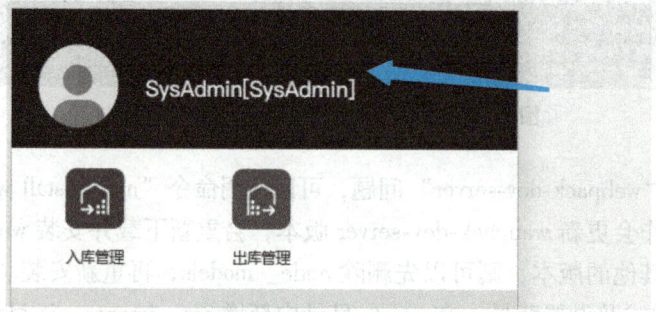

图 6-20　引入全局样式文件 global. less 和 reset. less

头部样式效果如图 6-21 所示，头部样式代码如图 6-22 和图 6-23 所示。

图 6-21　头部样式效果

```
>
  <div class="m-homehead">
    <div class="headbdtop">
      <img class="bdtopima1" src="../../assets/img/image@2x.png" />
      <div>
        <div class="bdtopleft">
          <p>{{ userName }}</p>
        </div>
      </div>
    </div>
  </div>
```

图 6-22　头部样式代码（1）

```
79  /*首页头部样式 @author:hj*/
80  .m-homehead {
81    width: 100vw;
82    height: 100*@ptr;
83    position: relative;
84    // background-image: '../img/bc.png';
85    // background-repeat:no-report;
86    // background-size:100% 100%;
87    background: #212A48;
88    font-family: PingFang SC;
89
90    // margin: 0.4rem 0;
```

图 6-23 头部样式代码（2）

头部模块界面效果如图 6-24 所示，对应的代码如图 6-25 所示。

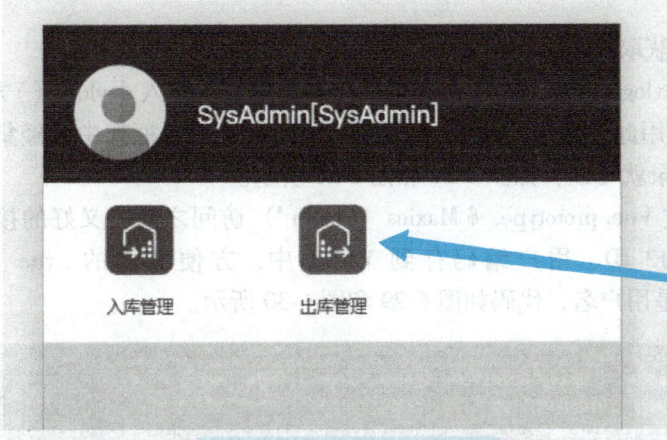

图 6-24 头部模块界面效果

```
</div>
<div class="m-mean">
  <div class="homepage home homepage-top">
    <router-link to="/warehouse" v-show="auth.inhouse">
      <div class="bdmain home">
        <div class="bdmain1">
          <img class="bdmain1-img" src="../../assets/img/入库管理@3x.png" />
        </div>
        <p class="bdmain2">入库管理</p>
      </div>
    </router-link>
    <router-link to="/outwarehouse" v-show="auth.outhouse">
      <div class="bdmain home">
        <div class="bdmain1">
          <img class="bdmain1-img" src="../../assets/img/出库管理@3x.png" />
        </div>
        <p class="bdmain2">出库管理</p>
      </div>
    </router-link>
  </div>
</div>
<div class="footer-step"></div>
```

图 6-25 头部模块界面效果对应的代码

使用<router-link>组件来创建可单击的链接，使用户能够导航到不同的路由。下面是一个简单的示例，演示如何使用<router-link>包裹元素以实现路由导航通畅，如图 6-26 所示。

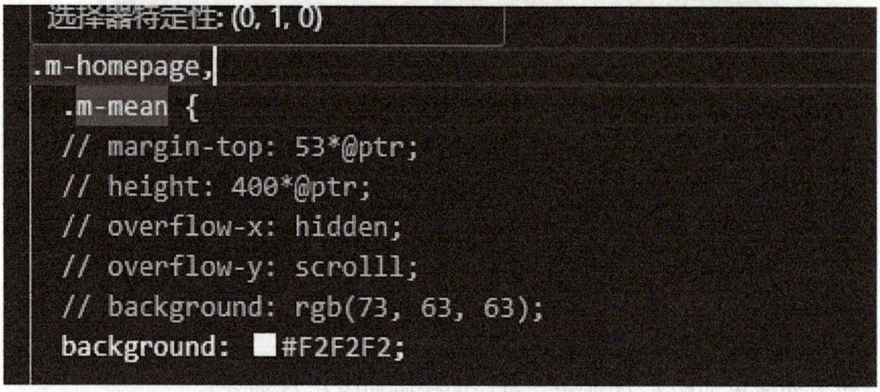

图 6-26　<router-link>样式代码展示

6）完成登录和获取权限。

使用"import devlogin from "@ /assets/js/devLogin. js";"导入 devlogin( )方法到界面上，然后在 mounted( )上调用此方法来完成登录。因为 SMOM 跨平台框架中已经集成了登录，所以 H5 端只需要模拟登录就可以，如图 6-27 和图 6-28 所示。

devLogin. js 通过 Vue. prototype. $ Maxios ('login') 访问之前定义好的接口。取到用户数据后将用户名、用户 ID、用户编码存到 VUEX 中，方便其他的 .vue 文件使用。其中 homepage. js 使用的是用户名，代码如图 6-29 和图 6-30 所示。

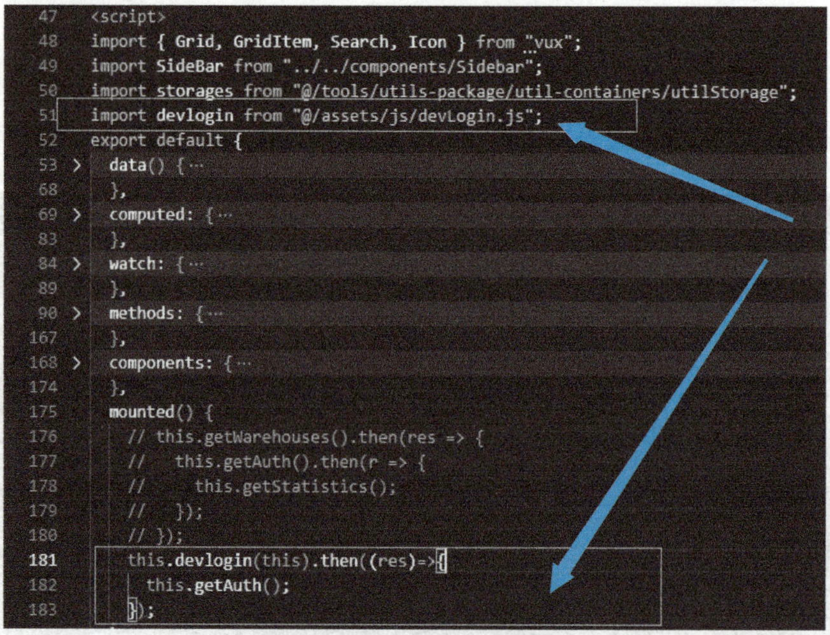

图 6-27　homepage. js 代码展示

```
  5     */
  6    import Vue from 'vue';
  7    import storages from "@/tools/utils-package/util-containers/utilStorage";
  8    //封装登录相关操作
  9    export default function devLogin(vue) {
 10      let promiseObj = new Promise(function (resolve, reject) {
 11        Vue.prototype.$Maxios('login').then((res) => {
 12          if (res.Success) {
 13            storages.saveUserInfo(res.Result);
 14            let userId = res.Result.UserId;
 15            let userName = res.Result.UserName;
 16            let userCode = res.Result.UserCode;
 17            vue.$store.dispatch('changeUserInfo', {
 18              attr: 'userName',
 19              val: userName
 20            });
 21            vue.$store.dispatch('changeUserInfo', {
 22              attr: 'userCode',
 23              val: userCode
 24            });
 25            vue.$store.dispatch('changeUserInfo', {
 26              attr: 'userId',
 27              val: userId
 28            })
 29            resolve(res.Result)
 30          }
 31        });
 32      })
 33      return promiseObj
 34    }
```

图 6-28　devLogin.js 代码展示

```
 53 >    data() {…
 68      },
 69 v   computed: {
 70 v     userName() {
 71          return this.$store.getters.getUserName;
 72      },
 73 v     warehouse() {
 74          return this.$store.getters.getWarehouse.WarehouseName;
```

图 6-29　homepage.vue 用户名代码（1）

```
      <div class="m-homehead">
        <div class="headbdtop">
          <img class="bdtopima1" src="../../assets/img/image@2x.png" />
          <div>
            <div class="bdtopleft">
              <p>{{ userName }}</p>
            </div>
          </div>
        </div>
      </div>
```

图 6-30　homepage.vue 用户名代码（2）

接着获取权限并给权限赋值。在图 6-27 中，登录成功后通过 getAuth( ) 获取权限，如图 6-31 和图 6-32 所示。

通过封装的请求接口请求自定义的 AppMenus 接口，取得接口权限数据。因为这里是模块的一级界面，所以取分组的第一个作为权限的管控，最后也存入 VUES 中以方便其他界面获取权限数据，如图 6-33 所示。

```
getAuth() {
  this.$Maxios('AppMenus').then(res => {
    var data = res.Result;
    let authMenus = {};
    if (data.childs.length > 0) {
      data.childs.forEach(item => {
        let arr = item.code.split(".");
        this.$set(this.auth, arr[1], true);
        authMenus[arr[1]] = item.childs;
      });
      storages.saveAuthMenusInfo(authMenus);
      this.$store.dispatch("changeUserInfo", {
        attr: "authMenus",
        val: authMenus
      });
    }
  });
}
```

图 6-31 获取权限代码以及权限的实现（1）

```html
</div>
<div class="m-mean">
  <div class="homepage home homepage-top">
    <router-link to="/warehouse" v-show="auth.inhouse">
      <div class="bdmain home">
        <div class="bdmain1">
          <img class="bdmain1-img" src="../../assets/img/入库管理@3x.png" />
        </div>
        <p class="bdmain2">入库管理</p>
```

图 6-32 获取权限代码以及权限的实现（2）

```json
{
  "AppMenus":{
    "code": "wmspdaPcb",
    "ops": [],
    "childs": [
      {
        "code": "wmspdaPcb.inhouse",
        "ops": [],
        "childs": [
          {
            "code": "wmspdaPcb.inhouse.goods",
            "ops": [],
            "childs": []
          }
        ]
      },
      {
        "code": "wmspdaPcb.outhouse",
        "ops": [],
        "childs": [
          {
            "code": "wmspdaPcb.outhouse.pickup",
            "ops": [],
            "childs": []
          }
        ]
      }
    ]
  }
}
```

图 6-33 AppMenus 接口数据

任务二：完成入库管理的二级界面、入库管理-标准收货（列表）、标准收货（扫描条码）。

1. 完成入库管理的二级界面

1）在 views/homepage/in-warehouse/ 下建立 WmHomePage.vue，编写的代码如图 6-34 所示，界面如图 6-35 所示。

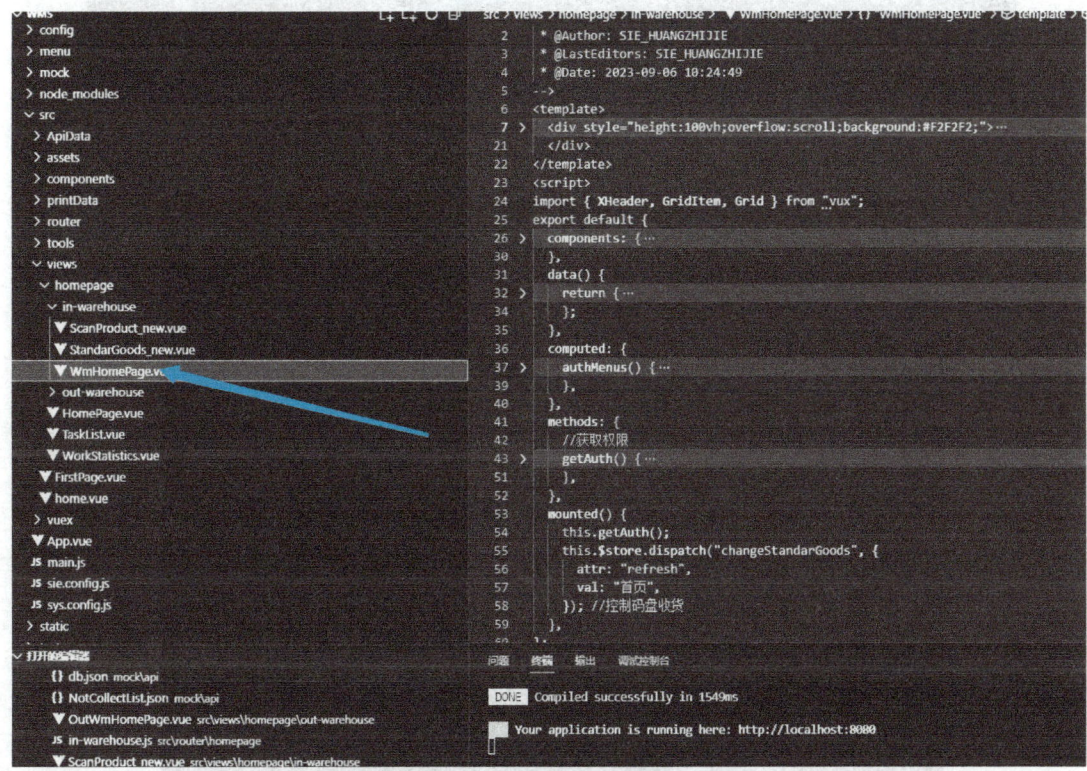

图 6-34　WmHomePage.vue 文件代码

图 6-35　WmHomePage.vue 界面

2）在 router/homepage/in-warehouse.js 下编写代码，如图 6-36 所示。

3）通过在 router/index.js 文件中导入路由模块文件，并使用解构的方式将路由模块导入路由配置数组中，这样使路由配置更加模块化、更清晰。然后在 router 配置的数组中通过结构的方式将入库模块导入，router/index.js 代码如图 6-37 所示。

```
 */
/*入库管理模块*/
export default [{
    path: '/warehouse',
    name: "入库管理首页",
    component: resolve => require(['@/views/homepage/in-warehouse/WmHomePage.vue'], resolve),
    meta: {
      title: '入库管理',
      showHead: true
    }
  },
```

图 6-36 在 router/homepage/in-warehouse.js 下编写代码

```
 * @Author: SIE_HUANGZHIJIE
 * @LastEditors: SIE_HUANGZHIJIE
 * @Date: 2022-12-02 17:39:40
 */
import Vue from 'vue'
import Router from 'vue-router'
import HomePage from '@/views/homepage/HomePage.vue';
import InWareHouse from './homepage/in-warehouse.js';
import OutWareHouse from './homepage/out-warehouse.js';
// import WithinWareHouse from './homepage/within-warehouse.js';
// import WorkStatistics from '@/views/homepage/WorkStatistics.vue';
// import TaskList from '@/views/homepage/TaskList.vue';
// import Package from './homepage/package.js';
// import wave from './homepage/wave';
// import PlatForm from "./homepage/platForm"
Vue.use(Router);
let router = new Router({
  routes: [{
      path: '/',
      name: "首页",
      component: HomePage,
    },
    ...InWareHouse,
    ...OutWareHouse,
  ]
});
```

图 6-37 router/index.js 代码

4）观察 UI 图会发现很多界面都带有头部，为了节省工作量，将 VUX（代码已引入）的头部控件（x-header）引入 APP.vue 中，APP.vue 代码如图 6-38 所示。

```
<template>
  <div id="app" class="f-flexvw f-fheight">
    <x-header class="m-header g-header" v-show="isHeaderShow"
      :left-options="{backText:'',showBack:isBackShow===false?false:true}">
      {{getTitle}}
<!--      <x-icon type="home" class="icon-home" @click="handleClickHome" slot="right" />-->
    </x-header>
    <keep-alive>
      <router-view v-if="aKeepAlive" :class="['router-view flexwrap',{topHead:isHeaderShow}]" />
    </keep-alive>
    <router-view v-if="!aKeepAlive" :class="['router-view flexwrap',{topHead:isHeaderShow}]" />
    <SignDialog></SignDialog>
    <WrongAudio v-if="showAudio"></WrongAudio>
  </div>
</template>
<script>
```

图 6-38 APP.vue 代码

5）在 WmHomePage.vue 中编写权限，在 homePage mounted 生命周期中已经把所有的权限存入 VUEX，在此界面中通过 VUEX 的 getter( )方法取出来。因为是二级目录，所以取的是二级权限，代码如图 6-39 和图 6-40 所示。

```
methods: {
    //获取权限
    getAuth() {
        let res = this.authMenus.inhouse;
        if (res.length > 0) {
            res.forEach((item) => {
                let arr = item.code.split(".");
                this.$set(this.auth, arr[2], true);
            });
        }
    },
},
```

图 6-39　获取权限代码

```
-->
<template>
    <div style="height:100vh;overflow:scroll;background:#F2F2F2;">
        <div class="m-homepage menu">
            <p class="classifiedhead" v-show="auth.goods"><span class=" f-red">|</span> 收货</p>
            <div class="homepage">
                <router-link to="/warehouse/standarGoods_new" v-show="auth.goods">
                    <div class="bdmain">
                        <div class="bdmain1">
                            <img class="bdmain1-img" src="../../../assets/img/inwarehouse/标准收货@3x.png">
                        </div>
                        <p class="bdmain2">标准收货</p>
                    </div>
                </router-link>
            </div>
```

图 6-40　通过权限控制界面按钮是否显示的代码

2. 完成入库管理-标准收货（列表）

标准收货（列表）的效果如图 6-41 所示。

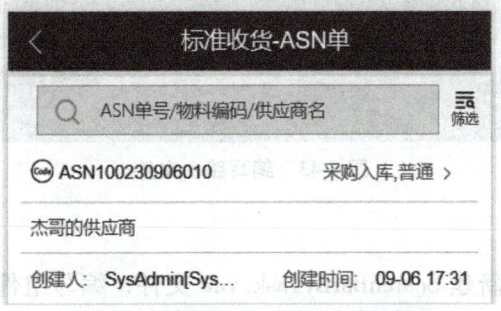

图 6-41　标准收货（列表）的效果

1）在 views/homepage/in-warehouse 中建立 StandarGoods_new.vue 文件，文件代码如图 6-42所示。

```
<template>
  <div class="f-flexvw f-fheight f-taskbg">…
  </div>
</template>
<script>
import { Search, XHeader } from "vux";
import SearchBarByTask from "@/components/SearchBarByTask.vue";
import Card from "@/components/Card.vue";
import bscroll from "@/components/Bscroll.vue";
const defaultPageCount = 10;
export default {
  components: {
    Search,
    XHeader,
    SearchBarByTask,
    Card,
    bscroll,
  },
  data() {
    return {
      img: require("../../../assets/img/titlerbg@3x.png"),
      warehouseId: 0,
      stopPullUp: false,
      PageIndex: 1,
      billList: [],
      deliveryTime: "",
      keyword: "",
      inputValue: "",
    };
  },
  methods: {
    getData(type) {
```

图 6-42　StandarGoods_new.vue 文件代码

2）在 router/homepage/in-warehouse.js 中编写路由文件，如图 6-43所示。

```
},
{
  path: '/warehouse/standarGoods_new',
  name: "标准收货",
  component: resolve => require(['@/views/homepage/in-warehouse/StandarGoods_new.vue'], resolve),
  meta: {
    title: '标准收货-ASN单',
    showHead: true
  }
},
```

图 6-43　编写路由文件

3）引入列表查询框。

在 components 文件下新建 SearchBarByTask.vue 文件，编写组件 DOM 节点及其 CSS，如图 6-44~图 6-46 所示。

在 Vue.js 中，组件的 prop 属性用于声明组件可以接收的属性（Attribute）。这些属性可以从父组件传递给子组件，以便子组件可以使用它们。当在子组件的 prop 中声明一个属性时，父组件可以通过在子组件上使用该属性的方式将数据传递给子组件。该属性的值可以像其他组件属性一样，在模板和组件的 this 上下文中访问。

一个组件可以有任意多的 prop，默认情况下，所有 prop 都可接收任意类型的值。

组件可传入参数，这里要用到 prop 选项：placeholder（文本框提示）作为组件显示内容。然后通过 "this. $ emit ("search", this.newsearchValue);" 通知父组件：子组件扫描框已触发<Enter>键，内容是 XXX。

```
<template>
  <div>
    <div class="m-searchkktask">…
    </div>
    <div v-show="datespan" class="u-datespan" @click="select">
      <span class="s-spanworld">{{date}}</span> 
      <img class="s-spanimg" src="../assets/img/close.png">
    </div>
  </div>
</template>

<script>
import { Icon, Search, XHeader, XInput } from "vux";
import nowDate from "@/assets/js/nowDate.js";
import pressDebounce from "@/assets/js/pressDebounce.js";
export default {
  props: {
    placeholder: {
      default: "ASN单号/物料名称编码/供应商名",
      type: String,
    },
    datashow: {
      default: true,
    },
    val: {
      default: "",
      type: String,
    },
    formatVal: {
      default: "YYYY-MM-DD",
```

图 6-44 SearchBarByTask. vue 代码

```
1  <template>
2    <div class="f-flexvw f-fheight f-taskbg">
3      <!-- <img :src="require('../../../assets/img/bannerbg@2x.png')" class="u-bytaskbg"> -->
4      <div class="page-title">
5        <search-bar-by-task :searchVal="inputValue" id="bookLists" placeholder="ASN单号/物料编码/供应商名" @search='search' @selectDate="selectDate"></sea
6      </div>
```

图 6-45 StandarGoods_ new. vue 引入组件展示（1）

```
import SearchBarByTask from "@/components/SearchBarByTask.vue";
import Card from "@/components/Card.vue";
import bscroll from "@/components/Bscroll.vue";
const defaultPageCount = 10; //设置默认加载的页面条数
export default {
  components: {
    Search,
    XHeader,
    SearchBarByTask,
```

图 6-46 StandarGoods_ new. vue 引入组件展示（2）

4）编写可滚动列表。

在 components 文件中新建 Bscroll.vue 文件，其中使用了第三方滚动控件 BScroll，也使用了 slot 插槽，Bscroll.vue 代码如图 6-47 所示，StandarGoods_new HTML 和 CSS 结构如图 6-48 所示，StandarGoods_new 列表样式片段如图 6-49 所示。

```
<template>
  <div class="m-scrollwrap f-pr" ref="scrollw">

    <div ref="wrapper" class="wrap">
      <div style="min-height:101%">
        <!-- <div> -->
        <load-more class="bettterloadm" v-show="refreshdata" :tip="'正在刷新'"></load-more>
        <slot></slot>
        <load-more v-show="loadmore" :tip="'正在加载'"></load-more>
        <p class="u-finalpage" v-show="finishalldata">已经是最后一页</p>
      </div>
    </div>
  </div>
</template>
<script type="text/ecmascript-6">
import BScroll from "better-scroll";
import { LoadMore } from "vux";
export default {
  components: { LoadMore },
  props: {
    /**
     * 1 滚动的时候会派发scroll事件，会截流。
     * 2 滚动的时候实时派发scroll事件，不会截流。
     * 3 除了实时派发scroll事件，在swipe的情况下仍然能实时派发scroll事件
     */
    probeType: {
      type: Number,
      default: 1,
    },
    stopPullUp: {
      type: Boolean,
      default: false,
```

图 6-47　Bscroll.vue 代码

```
<bscroll v-show="billList.length!=0" :data="billList" :stopPullUp="stopPullUp" :pullup="true" :pulldown="true" @pullup="getData()" @pullDownRefresh=
  <div @click="getDetail(item)" class="list-card" v-for="item in billList" :key="item.AsnNo">
    <div class="flex-between Mheight_35 list-title">
      <span>
        <span class="value">{{item.AsnNo}}</span>
      </span>
      <span>
        <span class="key">
          {{item.OrderType}},{{item.PriorityType}}
          <x-icon type="ios-arrow-right" size="16"></x-icon>
        </span>
      </span>
    </div>
    <div v-if="item.Name" class="flex-between Mheight_35">
      <span>
        <span class="value">
          {{item.Name}}
        </span>
      </span>
    </div>
    <div class="flex-between Mheight_35">
      <span>
```

图 6-48　StandarGoods_new HTML 和 CSS 结构

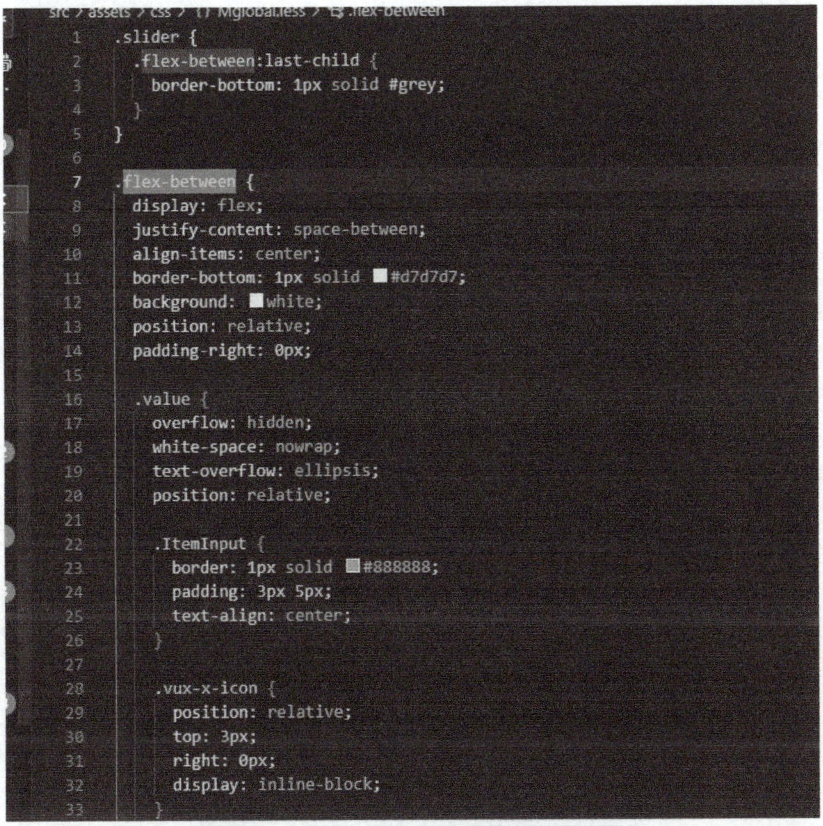

图 6-49　StandarGoods_new 列表样式片段

用组件 Bscroller 包裹住元素，即可把包裹住的元素插入组件内的 slot 标签中，完成元素的滚动。

5）通过 mock 服务器获取列表数据。

在 mock/api 下新增 NotCollectList.json 文件，api 文件结构如图 6-50 所示，NotCollectList.json 文件内容如图 6-51 所示。

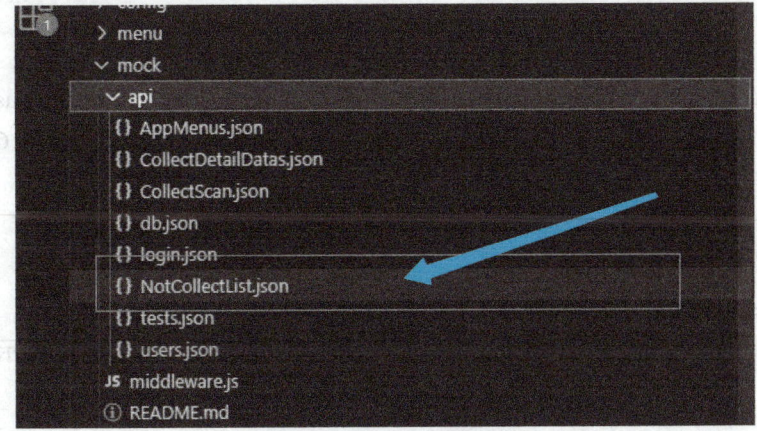

图 6-50　api 文件结构

```
{
    "NotCollectList":[
        {
            "AsnId": 90521.0,
            "AsnNo": "ASN100230906010",
            "Name": "SysAdmin供应商",
            "Count": 1,
            "NotCollectQty": 5.0,
            "OrderType": "采购入库",
            "PriorityType": "普通",
            "ReleaseDate": null,
            "IsDelivery": false,
            "IsCollectByDelivery": false,
            "CreateByName": "SysAdmin[SysAdmin]",
            "CreateDate": "09-06 17:31",
            "Priority": 0
        },
        {
            "AsnId": 90268.0,
            "AsnNo": "ASN100230823004",
            "Name": "",
            "Count": 1,
            "NotCollectQty": 3.0,
            "OrderType": "其他入库",
            "PriorityType": "越库",
            "ReleaseDate": null,
            "IsDelivery": false,
            "IsCollectByDelivery": false,
            "CreateByName": "SysAdmin[SysAdmin]",
            "CreateDate": "08-23 09:52",
            "Priority": 2
        },
```

图 6-51　NotCollectList.json 文件内容

6）在界面 mounted 方法里增加获取接口数据的方法，取得数据后赋值给界面的 billList，完成列表界面的展示，获取数据的方法如图 6-52 和图 6-53 所示。

```
mounted() {
    let that = this;
    this.getData( type: "init");
}
```

图 6-52　在 mounted 方法里调用 GetData( )

7）通过@click 给每个列表 item 添加事件，事件效果通过 this.$router.push( )方法跳转到指定的界面［标准收货（扫描条码）］，并存储数据到 VUEX 里，如图 6-54 和图 6-55 所示。

3. 完成标准收货（扫描条码）

扫描标签界面如图 6-56 所示。

1）在 views/homepage/in-warehouse 下新建 ScanProduct_new.vue 文件。

2）在 router/homepage/in-warehouse.js 下编写路由文件代码，如图 6-57 所示。

```js
getData(type) {
  //console.log("type",type,this.keyword);
  if (type == "refresh" || type == "init" || type == "search") {
    this.PageIndex = 1;
    this.stopPullUp = false;
  }
  //let params =  this.$axiosApi.getNotCollectList(this.keyword,this.deli
  this.$Maxios('NotCollectList').then((res) => {
    //console.log("res",res);
    var data = res.Result;
    type == "init" || type == "refresh" || type == "search"
      ? (this.billList = [])
      : "";
    this.PageIndex++;
    if (data.length < defaultPageCount) {
      this.stopPullUp = true;
    }
    data.forEach((item) => {
      this.billList.push(item);
    });
    //console.log("length",this.billList);
    if (type == "search" && this.billList.length == 1) {
      this.$store.dispatch("changeStandarGoods", {
        attr: "asnData",
        val: this.billList[0],
      });
      this.$router.push({
        path: "/warehouse/scanProduct_new",
        query: {
          IsDelivery: this.billList[0].IsDelivery,
          IsCollectByDelivery: this.billList[0].IsCollectByDelivery,
        },
```

图 6-53 获取数据的方法

```html
<div @click="getDetail(item)" class="list-card" v-for="item in billList" :key="item.AsnNo">
  <div class="flex-between Mheight_35 list-title">
    <span>
```

图 6-54 给界面添加事件

```js
},
getDetail(data) {
  this.$store.dispatch("changeStandarGoods", {
    attr: "asnData",
    val: data,
  });
  this.$router.push({
    path: "/warehouse/scanProduct_new",
  });
}
```

图 6-55 单击事件的实现

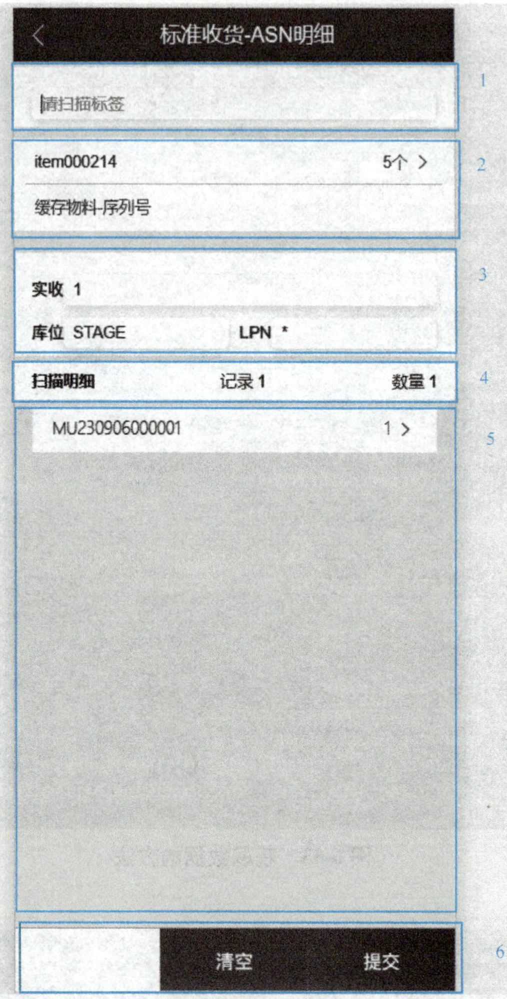

图 6-56　扫描标签界面

```
},
{
  path: '/warehouse/scanProduct_new',
  name: "scanProduct_new_new",
  component: resolve => require(['@/views/homepage/in-warehouse/ScanProduct_new.vue'], resolve),
  meta: {
    keepAlive: true,
    title: '标准收货-ASN明细',
    showHead: true
  }
},
```

图 6-57　编写路由文件代码

3）观察图 6-56 所示的 UI 图，把界面拆解成 6 块，其中第 5 块的需求为可以滚动。把整体界面的样式设为弹性布局（display：flex）、竖向布局（flex-direction：column;）。因为第 5 块的高度不固定且要把最下面那排按钮固定在底部，因此需要在第 5 块把样式设为 flex:1，让这块的高度自动填充，然后设置“overflow-y：auto;”来完成滚动。ScanProduct_new. vue HTML 结构如图 6-58 所示，ScanProduct_new. vue CSS 代码如图 6-59 所示。

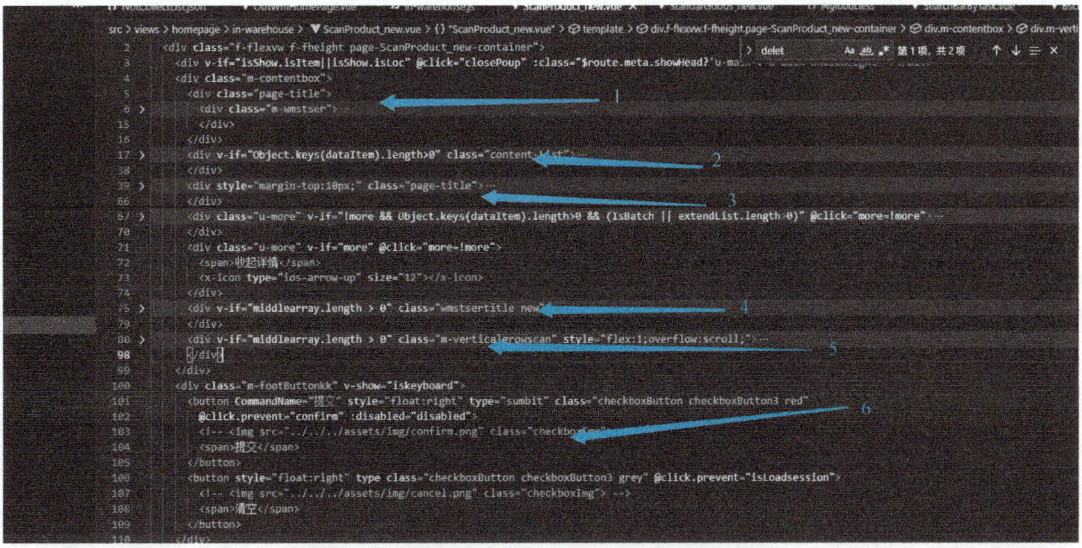

图 6-58 ScanProduct_ new. vue HTML 结构

4）一般从单击列表到详情界面会附带单据 ID，然后请求获取详细的单据信息，这里在 mock 服务文件中添加 CollectDetailDatas.json 文件，文件代码如图 6-60 所示。

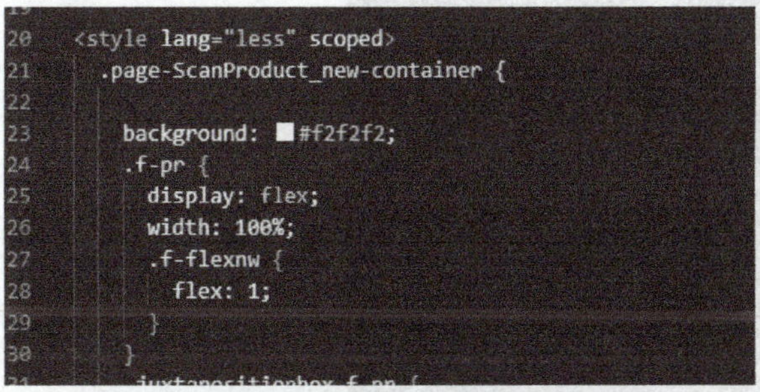

图 6-59 ScanProduct_new. vue CSS 代码

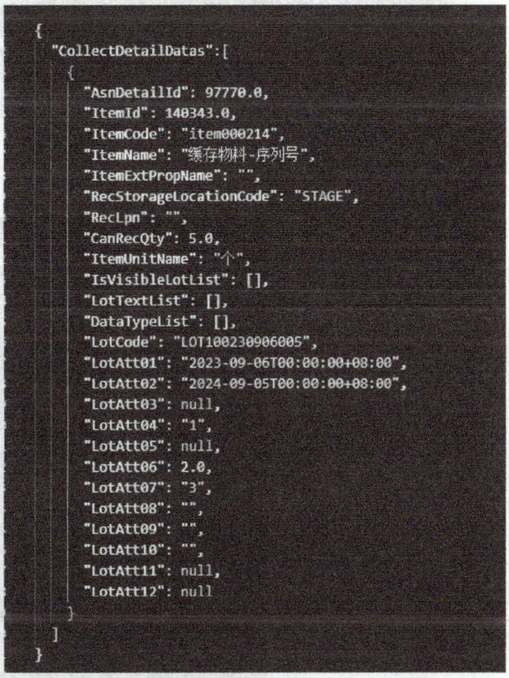

图 6-60 CollectDetailDatas. json 文件代码

5）在 mounted 方法中编写获取明细数据的方法并赋值给 this. dataItem，dataItem 存放着单据明细的数据，如图 6-61 所示。

```js
//获取收货行
getList(type) {
  let that = this;
  this.$Maxios("CollectDetailDatas").then(res => {
    var data = res.Result;
    this.setDataItem(data[0]);
  });
},
setDataItem(data) {
  let that = this;
  this.dataItem = data;
  this.itemCode = data.ItemCode;
  if (data.RecStorageLocationCode) {
    this.location = data.RecStorageLocationCode;
  }
  if (data.RecLpn) {
    this.lpn = data.RecLpn;
  }
  setTimeout(function () {
    that.$refs.hpinput.select();
  }, 20);
}
```

图 6-61　获取单据明细数据

6) 给 input 元素添加回车事件来模拟扫描行为，并请求接口获取扫描条码的数据。

在 input 元素中添加 @keyup.enter=" xxx "可触发回车事件，在之前添加接口的文件中添加 CollectScan.json 文件，添加回车事件如图 6-62 所示，CollectScan.json 文件内容如图 6-63 所示。

```html
<div class="f-flexnw u-selecting">
  <div class="wmstsermain withselect">
    <input class="maininput" v-model="inputValue" ref="hpinput" type="text" :placeholder="placeholder"
      @keyup.enter="Scan">
  </div>
</div>
```

图 6-62　添加回车事件

```json
{
  "CollectScan":{
    "IsInPackingLabel": true,
    "SnListData": [
      {…
      }
    ],
    "Id": 712283.0,
    "No": "MU230906000001",
    "Qty": 1.0,
    "SecondQty": 0.0,
    "ItemId": 140343.0,
    "ItemCode": "item000214",
    "ItemName": "缓存物料-序列号",
    "ItemExtPropName": "",
    "AsnNo": "ASN100230906010",
    "LineNo": "1",
    "AsnDetailId": 97770.0,
    "ItemUnitName": null,
    "SecondUnitName": null,
    "ItemPackRuleId": null,
    "IsMixPack": false,
    "TopPackage": null,
    "IsVisibleLotList": [ …
    ],
    "LotTextList": [ …
    ],
    "DataTypeList": [ …
    ],
    "LotCode": "LOT100230906005",
    "LotAtt01": "2023-09-06T00:00:00+08:00",
    "LotAtt02": "2024-09-05T00:00:00+08:00",
```

图 6-63　CollectScan.json 文件内容

7）当回车触发扫描后，根据数据里的 snListData 匹配物料明细，匹配成功后添加一条扫描记录。扫描代码如图 6-64 所示。

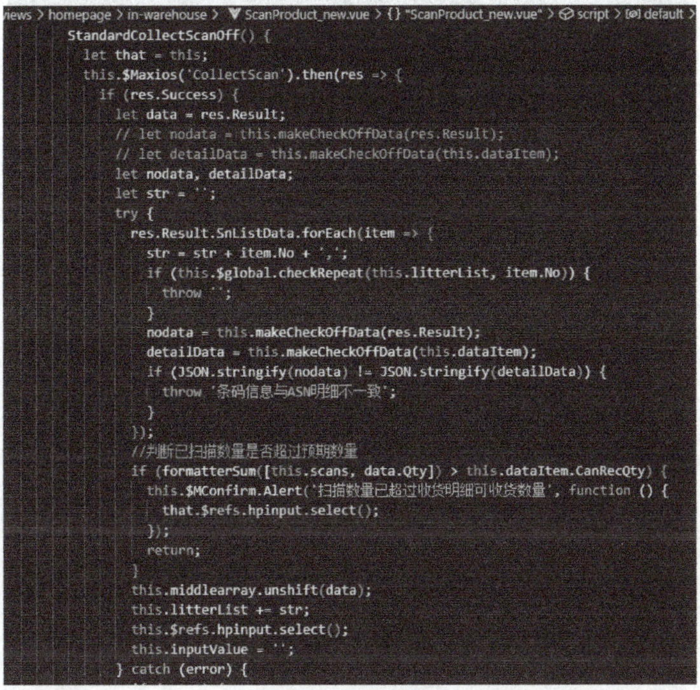

图 6-64　扫描代码

8）单击"提交"按钮提交，完成校验。扫描条码不能为空，库位不能为空，收货明细不能为空，然后返回列表界面。

添加提交的接口 CollectSubmmit.json 文件，接口只需要返回成功就行。由于已经封装了返回格式，所以定位为空即可，如图 6-65~图 6-67 所示。

图 6-65　添加接口 CollectSubmmit.json 文件

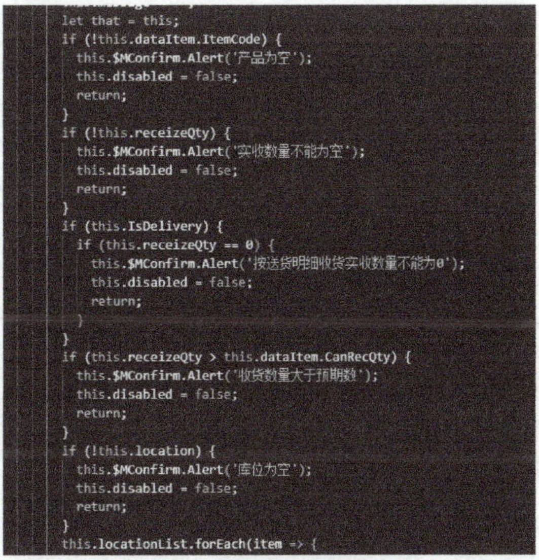

图 6-66　提交前的数据校验

```
postGoods() {
  this.$Maxios("CollectSubmmit").then((res)=>{
    this.$MConfirm.Alert('收货成功');
    this.$router.go(-1);
  })
},
```

图 6-67　提交成功后进行提示并返回上一页（列表界面）

模块7 仓库管理系统出库（标准拣货）实训

实训目的

本模块的教学目的是让学生掌握仓库管理系统的 PDA 的登录、获取权限，以及出库界面的绘制、业务的流程开发；根据出库模块-标准收货的界面设计，通过 VueJS 框架、JSON-Server 服务器、VSCode 开发工具等，实现符合业务需求的出库功能。

通过综合实训，学生将掌握仓库管理系统出库功能的开发。该实训可培养学生的动手实践能力，提升综合运用专业知识和技能解决实际问题的能力。

实训准备

1. 了解仓库管理系统的出库流程。
2. 掌握前端基础（HTML + CSS + JavaScript）。
3. 掌握 VueJS 框架。
4. 使用 JSON-Server 模拟后端数据。
5. 了解 JSON-Server 是如何运行的和如何与框架结合。
6. 了解 Axios 网络请求库。
7. 安装好 VSCode 开发工具及前端开发环境 NodeJS。
8. 下载实训工程源代码。
9. 学习如何使用谷歌浏览器进行调试。

实训环境

Window 10 操作系统、VSCode 开发工具、Chrome 浏览器、NodeJS 环境、NPM 包管理工具。

实训步骤

任务描述

本次实训旨在让学生体验完整项目开发的过程,涵盖系统需求分析、功能设计、数据库设计、界面设计以及功能实现等各个环节。通过这一综合性实践,学生将获得从概念到实际落地的经验,从而培养项目管理能力、团队合作精神以及问题解决能力。这种全方位的实训将为学生未来的职业发展奠定坚实的基础,使他们具备更强的实践能力和项目开发技能。

任务一:通过 UI 图绘制出出库标准拣货(列表)界面、标准拣货(扫描标签)界面,如图 7-1 和图 7-2 所示。

1)启动项目。
2)根据 UI 图绘制出标准拣货(列表)界面。
3)根据 UI 图绘制出标准拣货(扫描标签)界面。

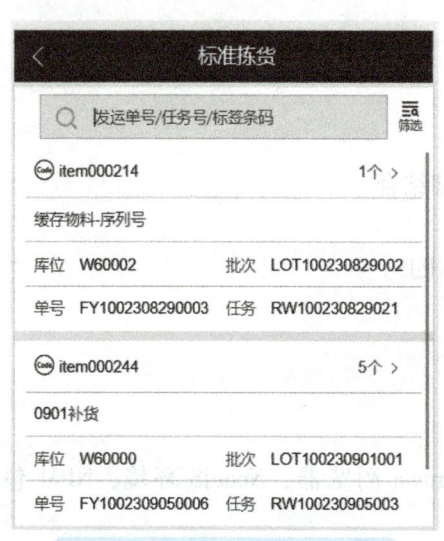

图 7-1 标准拣货(列表)界面

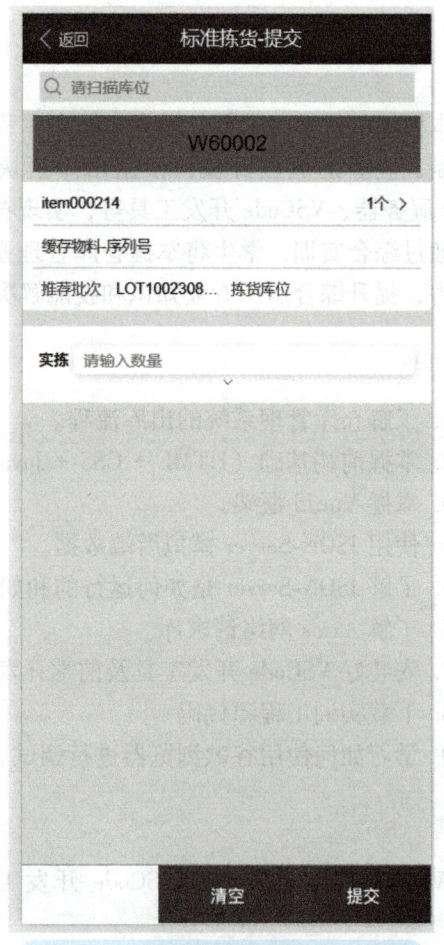

图 7-2 标准拣货(扫描标签)界面

任务二:完成标准拣货(列表)、标准拣货(扫描标签)的逻辑处理。
1)实现标准拣货(列表)功能。

2）实现标准拣货（扫描标签）功能。

详细开发步骤参考微课内容，学生实训应遵循设计文档和规范，运用编程语言和开发工具，逐步实现软件的功能和交互。

软件产品经过全面测试并确认无误后，便可正式上线投入使用。然而，这并不意味着开发过程的结束，相反，它开启了新的篇章——维护阶段。在这个阶段，要持续关注软件的运行情况，及时解决用户反馈的问题，确保软件始终保持良好的运行状态，为用户带来持续的价值和便利。

参 考 文 献

[1] 未来科技. HTML5+CSS3+JavaScript从入门到精通［M］. 北京：中国水利水电出版社，2017.
[2] 霍春阳. Vue.js设计与实现［M］. 北京：人民邮电出版社，2022.
[3] 王维波，栗宝鹃. Qt 5.9 C++开发指南［M］. 北京：人民邮电出版社，2023.
[4] 彭凌西，唐春明. 从零开始Qt可视化程序设计基础教程［M］. 北京：人民邮电出版社，2022.
[5] 陈家骏. 程序设计教程：用C++语言编程［M］. 北京：机械工业出版社，2022.